高等职业教育精品课程“十三五”规划教材

C 语言程序设计

主　编　肖　川　田　华　王佐兵

副主编　李桂青　刘明信　郑美珠

陈虹洁　孙　敏

北京理工大学出版社
BEIJING INSTITUTE OF TECHNOLOGY PRESS

内 容 提 要

本书全面、系统地介绍了C语言的基本概念、语义和语法，精心设计和挑选了大量具有代表性的例题，从问题实际出发进行详细阐述，选择合理的数据结构、构造算法、编码的结构化程序设计过程，引导读者逐步掌握程序设计的思想、方法和技巧。本书的特点是问题覆盖面广，求解方法分析深入浅出，条理清晰，注重对读者程序设计能力的训练。

本书作为学习程序设计的入门教材，以对读者进行基本训练为出发点，以提高综合运用C语言进行程序设计的能力为目标，可作为计算机专业教材，也可供非计算机专业学生使用。

图书在版编目（CIP）数据

C语言程序设计 / 肖川，田华，王佐兵主编．—北京：北京理工大学出版社，2016.8（2018.9重印）

ISBN 978-7-5682-2607-3

Ⅰ.①C…　Ⅱ.①肖…②田…③王…　Ⅲ.①C语言－程序设计　Ⅳ.TP312

中国版本图书馆CIP数据核字（2016）第163039号

出版发行 / 北京理工大学出版社有限责任公司
社　　址 / 北京市海淀区中关村南大街5号
邮　　编 / 100081
电　　话 /（010）68914775（总编室）
（010）82562903（教材售后服务热线）
（010）68948351（其他图书服务热线）
网　　址 / http://www.bitpress.com.cn
经　　销 / 全国各地新华书店
印　　刷 / 北京国马印刷厂
开　　本 / 787毫米×1092毫米　1/16
印　　张 / 15.5
字　　数 / 400千字
版　　次 / 2016年8月第1版　2018年9月第4次印刷
定　　价 / 39.00元

责任编辑 / 高　芳
文案编辑 / 高　芳
责任校对 / 周瑞红
责任印制 / 李志强

图书出现印装质量问题，请拨打售后服务热线，本社负责调换

前　言

C 语言是使用最广泛的一种高级语言，其发展也相当神速。它拥有众多的编译器，其中也不乏优秀者。C 语言以其灵活性强、效率高、可移植性好的特点，深得人心。后来发展起来的 C++、Java 等语言，无不是在其基础上进行扩充的。

C 语言具有功能丰富、表达能力强、使用灵活方便、应用面广、目标程序效率高、可移植性好等优点。时至今日，C 语言仍然是计算机领域的通用程序设计语言之一。目前“C 语言程序设计”课程仍是不少高校计算机及相关专业重要的专业基础课，其教学目标不仅在于使学生掌握 C 语言的语法规则，更在于培养学生用 C 语言进行程序设计的能力。学好该课程不仅可以为后续课程的学习打好基础，也可以为软件开发打下基础。

学习 C 语言，起初会觉得要记的东西太多，这是由于它太灵活了，但只要学到一定程度，就会尝到甜头了。这种灵活性带来的是其可读性好、语法简单、效率高。编写本教材的目的是给读者提供一本简明、清晰、便于自学的 C 语言程序设计教程，使读者读得懂、学得会、有兴趣，能比较容易地掌握 C 语言程序的基本语法和编写方法，感受编程的快乐。教材以程序为中心来介绍 C 语言知识，用有趣、实用、典型的编程实例激发学生编程的积极性和创造力，使其愉快地进入程序设计的大门。本书叙述简明，语法描述清晰、准确。编程实例典型、有趣、实用。每一章的大部分小节都给出了思考和练习，以此强化语法基础和编程概念。另外，每一章都提供了复习题和程序练习，进一步强调了重要的信息，有助于读者理解繁杂的概念。

在学习 C 语言课程设计的过程中，要注意以下问题:

（1）掌握正确的学习方法，学习这门课程时若过于注重语句、语法及细节 ，不重视程序设计能力的培养，学过之后，很难学以致用。学习 C 语言程序设计的正确方法，就是要用 C 语言来编写程序。

（2）学会编程的关键是算法。著名计算机科学家 Niklaus Wirth 指出：“算法+数据结构=程序。”程序的灵魂是算法，数据结构是算法的加工对象。在学习 C 语言程序设计过程中必须仔细分析、研究算法，恰当地选取数据结构，选择合适的 C 语言数据类型的语句，这样才能编写出高质量的程序。

（3）实践出真知，实践能力的培养不只是做一些语法练习题，更重要的是编程能力上机实践能力。

（4）“C 语言程序设计”教学过程包含很多环节，如课堂练习、习题、自学、上机实验、课程设计等。实际上，各教学环节是紧密相关的，彼此之间相互作用，相互影响，应重视每个环节，才能把该课程学好。

要学好 C 语言，需要透彻理解书本概念，并辅之以大量上机编程。要想提高应用水平，就要多看些应用方面的书，比如看看《数据结构》，自己想办法来实现其中的算法。总之，编程很重要，而且编程是靠编出来的，不是靠看出来的。在调试程序时，遇到问题应尽量自己解决，实在解决不了，可以请教老师，有条件的话，在网上提问有时也可收到事半功倍的效果。坚持下去，相信不久你就会成功的。

本书由烟台南山学院肖川、田华、王佐兵、李桂青、刘明信、郑美珠、烟台黄金职业学院陈虹洁、烟台南山学院孙敏编写。南山集团技术中心对本书提供了大量指导。

在本书编写的过程中，参考了大量有关C语言程序设计的书籍和资料，编者在此对这些作者表示感谢。

由于编者水平有限，书中难免有不足之处，敬请广大读者不吝赐教，以便再版时修改。

编　者

目　录

第1章 引　　论

章前导读

对于计算机，也许你是老手，也许你是新人……

但不管怎样，如果你现在要学习编程，那么你应该多多少少知道点什么叫硬件、什么叫软件。

美国一个电脑神童说：“凡是摔到地上会坏的就是硬件。”我深感不妥，众所周知，如果把硬盘摔到地上，硬盘坏了，里头的那些数据也一样坏得让人心疼。

倘若按字面意思去理解，那就更加矛盾重重：硬盘“硬”，是硬件；软盘“软”，也是硬件。

还一种说法是：看得见摸得着的为硬件，看不见摸不着的为软件。刚开始觉得它说得不错，但马上又能发现它的破绽：我现在用的 Word 2010，它就在屏幕上，界面美观、操作方便……

金山词霸中有这样的解释：“硬件：计算机及其他直接参与数据运算或信息交流的物理设备。”挺好，硬件就是设备。平常生活中的各种设备，洗衣机、冰箱、电视，还有螺丝刀、钳子，都是硬件。

软件呢？“软件：控制计算机硬件功能及其运行的指令、例行程序和符号语言。”指令、程序和符号语言是什么且不说，至少我们知道了软件是用来控制硬件的运行的。

这就好办了。我们可以打比方：譬如汽车，其本身自然是“硬件”，但关于驾驶车的那一套技术及有关交通规则，我们可称之为“软件”，因为后者控制了前者的运行。

现在来谈“指令、程序和符号语言”。交通方面的“软件”确实就是这些东西。不管你会不会驾车，但你至少应该坐过车吧？当看到警察在车前用指头一指，司机就会脸色发青，之后，一套既定的处罚程序被执行。很快，听说那司机又在学习那些用来表示“单行”“只许右拐”“不许停车”“禁鸣”等奇奇怪怪的符号语言了……

事实上，说软件看不见摸不着其实也正确，因为它们是思想、精神、规则、逻辑，本身是抽象的，确实不可触及。但软件总是要有载体来存放的，要有表达或表现方式，这些使得它们变得形象具体起来。在此意义上，说软件是摔在地上坏不了的东西，也相当行得通。

最后，什么是程序？我们来给它下个定义：

程序是一组按照一定的逻辑进行组合的指令。

因此，在以后的学习过程中，很多时候，我们会觉得程序就是指令；同样很多时候，我们会觉得程序就是逻辑。

当然，更多的时候，我们并不区分程序和软件。也许前者更趋于抽象，而后者更趋于具体。比如，在写那些表达我们思想逻辑的指令时，我们喜欢说“写程序”；而当程序完成，可以待价而沽时，我们称它为软件产品。

1.1 计算机语言

程序是用计算机语言写成的。编程的实质就是用计算机语言来表达要解决的问题的逻辑。

那么，什么叫计算机语言呢？

先不必去解释。因为，计算机是机器，机器不是生物，它怎么能有语言呢？小猫小狗有语言我尚可相信。机器也有语言，还要我们去学习，这似乎有渎人类之尊严。

如果不把这个结解开，可能部分特别在意人类尊严的学生对学习编程从此产生心理障碍，无法继续学习……

狭义上说，人们讲的语言包括汉语、英语、广东话，它是语言，有声音。小鸟之间的唧唧喳喳，大抵也是语言。但其实“语”“言”二字虽都带口，却不是说非得有声才称为语言；哑语无声，但它也是语言。广义上讲，语言是沟通、交流的一种手段。基于此，人们认为所有的机器或工具，也包括计算机，都有它们自己的语言。比如锤子，它的语言是敲打；比如螺丝刀，它的语言是拧。如果你非要拧锤子，非要敲打螺丝刀，那么就像你用法语和广东人交谈，用粤语和法国人说话一样莫名其妙。

一般来说，越复杂的机器，人类与其沟通的语言也越复杂。比如汽车，你想驾驭它，你就必须去驾校参加学习。想一想，开车的时候，人们的确是在和车进行沟通。如果你俩之间的沟通出现差错——你心里右转，手却一个劲向左转方向盘，向机器发出了错误的命令——这将多么可怕呀！

至此，人们的心理障碍可以消除了。小猫小狗有语言是因为它们聪明，而机器有语言却是因为它们的笨。它们笨，没办法像动物一样可以通过培训来理解人类的意愿，所以，让人类反过来为它们制定一套沟通的规则，然后去学会这些语言，从而方便控制机器。

可以说，凡是机器语言都是笨笨的语言。机器语言可以分低级语言和高级语言，但无论何者，都笨得可爱——学得越多你就会越发现它的笨和可爱。另外，当我说越复杂的机器其语言也越复杂时，我用“一般来说”加以修饰。这是因为，发明和发展机器的智者们会为机器制造出越来越高级的语言，这些高级语言，最终越来越接近人类的自然语言。就像计算机，我们有信心相信，终有一天，它能听懂人们的语言——这就是流传在程序员中的一个梦。当程序员熬红眼敲打出数万行代码时，他们便会想起这个梦。闭上双眼，伸腰，对计算机说：“BEGIN……”，深呼吸一次，然后说：“END”，睁眼时发现计算机已完成了所有工作……

下面回到计算机，它是机器，也是人类有史以来，继发明使用火、电、电子这些改善人类生活的工具后，最为重要、最为先进、最为广泛使用的工具。它的机器语言的复杂程度可想而知，已经复杂到必须成为大学的一门专业课程。然而别忘了前面的结论，语言只是沟通的手段。在这个意义上，当你用鼠标或键盘在计算机上进行输入时，只要你输入的是正确操作，人们都认为你在使用计算机语言，因为你确实是在用一种特定的方式或动作进行着和计算机的交流。

当然，这里的课程并不特意教你任何有关计算机的基本操作。计算机的基本操作主要是指如何使用计算机内已有的软件产品，比如 Windows（操作系统是软件，称为系统软件）、办公系统 MS Office 或 WPS Office（这些实现工作和生活中具体应用需求的软件称为应用软件）、游戏（一种特定的，只拿来玩的应用软件，称为游戏软件）。但我们不同，人们学的是如何编写软件。也就是说，人们将是发明人、设计师、创造者；而他们（到今天仍拒不学习编程的家伙）都只是使用者。

程序（或软件）是用计算机语言写出来的。

写一个程序，大致是这么一个过程：

（1）人有一个问题或需求想用计算机解决。

（2）人想出解决问题或实现需求的思路。

（3）人将思路抽象成数学方法和逻辑表达或某种流程的模式。

（4）程序员将数学方法、逻辑表达中的数据和流程用计算机语言表达，称为编码。

用计算机高级语言写成的代码被语言的实现工具（VC、VB 或 C++ Builder 等）转换成计算机的最低级机器语言，这就完成了人与机器在程序制定上的最后沟通。

可见，人的思路是先用人类自己的语言思考，然后用一门计算机语言写成代码，最终需要一个语言工具来将它转换成机器可以理解的机器语言。这里要学的就是一门承上启下的计算机语言。这样语言有很多：BASIC，Pascal，C、C++，Java，C#，等等，本书的 C 语言是使用最多的语言。有关 C 语言的更多特点，将在以后的章节谈到。

尽管人们完全可以直接用最低级的计算机语言——机器语言来写代码，那样就不需要语言工具了，但在这里要弄清楚，本书是教机器语言。下一节里，你会明白用机器直接能懂的语言——不妨称之为原始的机器语言写软件，在今天是多么的不现实。

1.2　语言和实现语言的工具

1.2.1　机器语言

你知道香蕉叫什么吗？就叫“香蕉”？叫“banana”？

错，都错。

香蕉叫“牙牙”。

这是一个婴儿的语言。一个婴儿还没学会人类的主要语言，所以面对喜欢的东西总是发出咿咿呀呀的声音，也许你听不懂，但这是他的语言，符合小孩特点的语言。

计算机的机器语言也一样，必须符合计算机的硬件特点，而问题就在这里，越符合机器的特点，同时也就越不符合人类的特点。

计算机全称为电子计算机。20 世纪 40 年代以来，无线电技术和无线电工业的发展为电子计算机的研制提供了物质基础。1943—1946 年美国宾夕法尼亚大学研制的电子数字积分和计算机 ENIAC（Electroic Numerical Integrator And Computer）是世界上第一台电子计算机。ENIAC 计算机共用了 18 000 多个电子管、15 000 个继电器，占地 170 m^2。

这是计算机的始祖，一堆电子管。随后，电子计算机进入第二时期，小巧的晶体管取代了电子管；再后来，集成电路又取代了晶体管，电子计算机进入第三时期。

但无论是哪一时期（以后也许不是），计算机始终采用电子器件作为其基本器件，因此电子器件的特点就是计算机的特点。

为什么使用电子元件？为什么木头不能做计算机？还真别说不能，你也应该知道，最早出现的用于计算的机器，真是木头的。以前有人用木头作成齿轮，经过设计，当表示个位数的齿轮转动 1 圈时，就会带动表示十位数上的齿轮转动 1 格。以此为原理，只要你转动转轴，木头机器就会算出 123+456=579……

电子元件没有齿轮，但它们的特点是它们有两种很稳定的状态：导电或不导电。假如用0 表示不通电，1 表示通电，再通过集成电路实现进位的机制，于是，计数功能就有了基础。可以用图 1–1 表示。

电路状态 (0:不通电，1:通电)	0 0	0 1	1 0
代表的十进制数	0	1	2

图 1–1

我们生活中常用的数是逢十进一，称为十进制数。而计算机由于其电子元件的特点，使用的是二进制数。

十进制数：最低位称为个位，高一位称为十位，再高一位称为百位。为什么这样称呼呢？因为在个位上，0 表示 0，1 表示 1，2 表示 2，3 表示 3，……；在十位上，0 表示 0，1 表示 10，2 表示 20，3 表示 30，……，总之，每高一位长十倍，为十进制。

二进制数：最低位仍可称为个位，但这里称为 1 位。1 位上，0 表示 0，1 表示 1。2 呢？没有 2，因为逢 2 就得进 1（后面同）。高一位称为 2 位，0 表示 0，1 表示 2。再高一位称为 4 位，0 表示 0，1 表示 4。可以看出，每高一位长 2 倍，为二进制。

现在看图 1–1，00、01、10 是 3 个二进制数。根据上面的进位方法，你可以算出它们分别表示十进制数的 0、1、2 来吗？首先，当面对二进制数时，先要认识到它们从低到高（从右到左）的位依次不再是个位、十位、百位，而是 1 位、2 位和 4 位。

00：都是 0，所以它就是 0；

01：2 位为 0，1 位为 1，表示 0 个 2 和 1 个 1，所以是 1；

10：2 位为 1，1 位为 0，表示 1 个 2 和 0 个 1，所以是 2。

计算机的机器语言正是由这些 0 和 1 组成的。事实上，计算机里的所有数据，无论是一个程序、一篇文稿、一张照片还是一首 MP3，最终都是 0 和 1。

世界就是这样奇妙，万事万物五彩缤纷，但进了计算机，却只是 0 和 1 的组合。

机器语言尽是 0 和 1，于是可以想象当时（还没有其他语言时）的程序员是如何编写程序的。他们写程序不用坐在计算机前，而在家里或什么地方，拿笔在纸上画圈，一圈、两圈、三圈（感觉有点像阿 Q），圈够了就给专门的打孔小姐照着在纸带上打成孔，最后这些纸带被计算机“吃”进去并读懂，然后执行。如用有孔表示 1，无孔表示 0，则图 1–2 表示 3 行数 110、011 和 101。

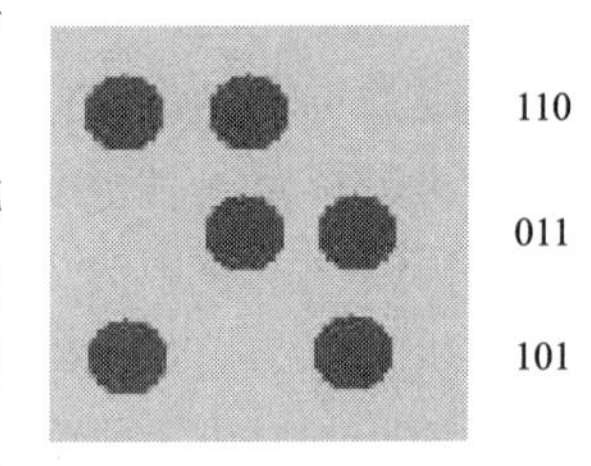

图 1–2

1.2.2 汇编语言

前面说机器语言尽是 0 和 1，那么是不是随便写一串 0 和 1 就算是程序呢？不是。就像汉语是由汉字组成的，可我要是说下面这一串汉字：

天爱我京门北安。

你觉得我是在说人话吗？

机器也有自己的固定词汇，在机器语言里称为机器指令。程序是由指令及数据组成的。这些指令是一些固定的 0 和 1 的组合（不同厂商不同型号的机器，其指令又有不同）。作为程序员，就得将这些指令一次次正确地用 0 和 1 拼写出来。

你绝不会将“我爱北京天安门”说成上面的话，但极有可能将 10101101 写成 10010101。所以很自然地出现了用符号来表示这些固定的二进制指令的语言，这就是汇编语言。

下面是一段代码，它表示的是：已知 b 等于 1，c 等于 2，计算 b+c 的值，并将该值赋给 a。把这段代码的机器语言（左）和汇编语言（右）进行对照，可看出两者各自的特点。

```
100010100101010111000100      mov edx,[ebp-0x3c]
000000110101010111000000      add edx,[ebp-0x40]
100010010101010111001000      mov [ebp-0x38],edx
```

汇编语言仅是机器语言的一种助记符，两者之间没有本质的区别，所以很多时候人们把两者等同视之。

无论是机器语言还是汇编语言，都让人看了头痛。

1.2.3　高级语言

汇编语言和机器语言虽然很难记、难写，但它们的代码效率高、占用内存少，这相当符合当时计算机的存储器昂贵、处理器功能有限等硬件特点。

众所周知，计算机的发展迅速，功能越来越强大。一方面，它有能力，人们也要它能完成越来越复杂或庞大数据量的计算功能，机器/汇编语言已经无法满足这些需求；另一方面，硬件的发展和关键元件价格的降低，使得程序员不需要在程序的降低内存占用、减少运算时间等方面花太多的精力，这样，各门高级语言便接二连三地出现了。

一门计算机语言“越符合机器的特点，同时也就越不符合人类的特点”。最早有 Pascal、C、C++、BASIC 等数百种高级语言，现在又有 Java、C#等。高级语言的高级之处在于它总是尽量接近人类的自然语言和思维方式。

当然，一门语言再好，如果没有其实现工具，一切都是空谈。对于 C 语言，本书推荐使用 Microsoft Visual C++ 6.0 开发环境。

1.2.4　语言实现工具

高级语言比较接近人类的语言，用起来得心应手，但更得意的一定是让程序代码变成可执行文件。

无论是写代码的过程，还是最后要编译成可执行文件，都需要有一个工具存在。这一工具一般称为编程集成环境（IDE）。之所以称为集成，是因为从写代码到最后软件的出炉，我们需要它的地方实在太多了。下面列出其中最重要的功能项。

（1）方便的代码编辑功能。尽管你可以使用记事本、Word 或其他任何文本编辑器来写代码，但除非特殊需要，否则那将是极为低效的方法。现在的编程集成环境都相当的智能，在很多情况下可以自动完成人们所需的代码，既准确又迅速。

（2）程序编译功能。前面已讲过，人们写的代码在成为机器能懂的可执行程序前，必须通过编译。

（3）程序调试功能。如何尽量减少程序的 Bug 呢？没有编程集成环境提供的强大调试功能，我们做的程序将毫无质量保证。

（4）其他辅助功能。安装程序的创建已属于另外一种工具的范畴，但人们仍可以通过编程集成环境来决定是最终生成单一可执行文件，还是带有其他动态库。如果是后者，还可以通过集成环境来检查程序运行时调用了哪些动态库文件。

当然，现在市面上可以见到的语言实现工具所提供的功能远不止上面所说的。对于一个工具，只有动手使用了，才会真正了解它。

1.3 C语言简介

C语言是贝尔实验室Dennis Ritchie 在1973 年设计的一种程序设计语言，其目的是用于写操作系统和系统程序，初期用在PDP-11 计算机上写UNIX 操作系统。20世纪70年代后作为UNIX的标准开发语言，C语言随着UNIX 系统流行而得到越来越广泛的接受和应用。20世纪80年代后，它被搬到包括大型机、工作站等许多系统上，逐渐成为开发系统程序和复杂软件的一种通用语言。随着计算机的蓬勃发展、处理能力的提高和应用的日益广泛，越来越多的人参与了计算机应用系统的开发工作，这就需要适合开发系统软件和应用软件的语言。C语言能较好地满足人们的需要，因此在计算机软件开发中得到了广泛的应用，逐渐成为最常用的系统开发语言之一，被人们用于开发微型机上的各种程序，甚至是非常复杂的软件系统。

在使用最多的以Intel 及其兼容芯片为基础的计算机上，也有许多性能良好的C语言系统可用。包括Borland 公司早期的Turbo C和后续Borland C/C++系列产品，Microsoft（微软）公司的Microsoft C和后续Visual C/C++系列产品，还有其他的C/C++语言系统产品，使用较广的有Watcom C/C++和SymantiC/C++等，此外还有许多廉价的和免费的C语言系统。其他计算机也有多种C语言系统。各种工作站系统大都采用UNIX 和Linux，C语言是它们的标准系统开发语言。各种大型计算机上也有自己的C语言系统。

1.3.1 C语言的特点

C语言之所以能被世界计算机界广泛接受是由于其自身的特点。总体上说，其设计把直到20世纪70年代人们对于程序语言的认识和开发复杂系统程序（例如操作系统等）的需要成功地结合起来。C语言的主要特点包括以下几点。

C语言比较简单，是一个比较小的语言。学习时入门相对容易，知道很少东西就可以开始编程。C语言很好地总结了其他语言提出的程序库概念，把程序设计中许多需要的功能放在程序库（称为标准函数库）里实现，如输入/输出功能等，这就使语言本身比较简单，编译程序的实现比较容易。人们早已用C语言写了它自己的编译程序，这种程序很容易移植到各种不同的计算机上，促进了C语言的发展。

C语言提供了丰富的程序机制，包括各种控制机制和数据定义机制，能满足构造复杂程序时的各种需要。方便易用的函数定义和使用机制使人可以把复杂的程序分解成一个个具有一定独立性的函数，以分解程序的复杂性，使之更容易控制和把握。

C语言提供了一套预处理命令，支持程序或软件系统的分块开发。利用这些机制，一个软件系统可以较方便地先由几个人或几个小组分别开发，然后再集成，构成最终的系统。这种工作方式对于开发大软件系统是必须的，人们用 C 语言开发了许多规模很大的系统。

C 语言的另一特点是可以写出效率很高的程序。人们之所以在一些地方继续使用汇编语言，就是因为高级语言写出的程序效率低一些。这样，开发效率要求特别高的程序时就只能使用汇编语言。C 语言的基本设计使得用它开发的程序具有较高的效率，它还提供了一组比较接近硬件的低级操作，可用于写较低级、需要直接与硬件打交道的程序或程序部分。这些特点使 C 语言常被当做汇编语言的“替代物”，从而大大提高了开发低层程序的效率。

C 语言的设计得到世界计算机界的广泛赞许。一方面，C 语言在程序语言研究领域具有一定价值，它引出了不少后继语言，还有许多新语言从 C 语言中汲取营养，吸收了它不少的精华。另一方面，C 语言对计算机工业和应用的发展也起了很重要的推动作用。正是由于这些贡献，C 语言的设计者获得世界计算机科学技术界的最高奖——图灵奖。

1.3.2 C 语言的发展和标准化

在设计 C 语言时，设计者主要把它作为汇编语言的替代品，作为写操作系统的工具，因此更多强调的是其灵活性和方便性，语言的规定很不严格，可以用许多不规则的方式写程序，因此也留下了许多不安全因素。使用这样的语言，就要求编程序者自己注意可能的问题，程序的正确性主要靠人来保证，语言的处理系统（编译程序）不能提供多少帮助。随着应用范围的扩大，使用 C 语言的人越来越多（显然其中大部分人对语言的理解远不如设计者），C 语言在这方面的缺陷日益突出。由此造成的后果是，人们用 C 语言开发的复杂程序里常带有隐藏很深的错误，难以发现和改正。

随着 C 语言应用的发展，人们更强烈地希望 C 语言能成为一种更安全可靠、不依赖于具体计算机和操作系统（如 UNIX）的标准程序设计语言。美国国家标准局（ANSI）在 20 世纪 80 年代建立了专门的小组研究 C 语言标准化问题，这项工作的结果是 1988 年颁布的 ANSI C 标准。这个标准被国际标准化组织和各国标准化机构所接受，同样也被采纳为中国国家标准。此后人们继续工作，于 1999 年通过了 ISO/IEC 9899:1999 标准（一般称为 C99)。这一新标准对 ANSI C 做了一些小修订和扩充。

语言改造非常困难。虽然人们已经认识到原来 C 语言中的一些不足之处。但一方面已有的东西，主要是新标准出现前人们已开发的各种程序和软件是一笔巨大财富，不能轻易丢掉，彻底改造要耗费极大的人力和物力，也不可能做到；另外，一批老用户已养成习惯，不可能在一朝一夕改变。因此，即使想建立一个新标准，也要尽可能保持与原形式的兼容性，作为对现实的退让，ANSI C 标准基本上容许原形式的 C 程序同步。但新标准中强调：旧事物终将被抛弃，希望写程序的人尽量不要再使用它们。

今天学习 C 语言和程序设计，理所当然应该采用新的形式，不应该学习那些过时的东西。原因主要有两条：① 这些旧东西终归将被抛弃，养成使用它们的习惯后将来还要改，那时将更加费时费力，也毫无意义；② 这些过时的东西确实不好，虽然有时用它们能少写几个字符，但往往会阻碍编译系统对程序的检查。人很容易犯错误，在从事写程序这种复杂工作时尤其如此。阻止编译检查就是拒绝计算机帮助，其实际后果无法预料，可能代价惨重并且为程序中实际存在的隐藏错误耗费更多的时间和精力。

1.4 一个简单的C程序

本书将从第2章开始详细讨论各种C程序结构，讨论程序设计的各方面情况和问题。在开始这些讨论之前，先看一个简单的程序例子，看看用C语言写出的程序是什么样子，然后从它出发解释一些程序开发中的问题。下面是一个简单程序：

```
#include <stdio.h>
main()
{
    printf("Good morning!\n");
}
```

几点说明：

- #include 称为文件包含命令。
- 扩展名为".h"的文件称为头文件。
- main 是主函数的函数名，表示这是一个主函数。
- 每一个C源程序都必须有且只能有一个主函数（main 函数）。
- 一个函数包括函数首部（如 main ()）和函数体（程序中{}括起来的部分）两部分。
- 函数调用语句，printf 函数的功能是把要输出的内容送到显示器去显示。
- printf 函数是一个由系统定义的标准函数，可在程序中直接调用。

用C语言写的程序简称为C程序。上面这个简单程序可分为两个基本部分：第一行是个特殊行，说明程序用到C语言系统提供的标准功能，为此要参考标准库文件 stdio.h，有关细节在以后的章节中介绍；其余行是程序基本部分，描述程序所完成的工作。该程序的运行结果就是在显示器屏幕上输出一行文字"Good morning!"。

1.4.1 C程序的加工和执行

C语言是高级程序语言，用C语言写出的程序通常称作源程序。C程序容易使用、书写和阅读，但计算机却不能直接执行，因为计算机只能识别和执行特定二进制形式的机器语言程序。为使计算机能完成某个C源程序所描述的工作，就必须首先把这个源程序（如上面简单例子）转换成二进制形式的机器语言程序，这种转换由C语言系统完成。由源程序到机器语言程序的转换过程称为"C程序的加工"。每个C语言系统都具有加工C源程序的功能，包括"编译程序""连接程序"等，系统里还可能有一些其他的程序或功能模块。

程序加工通常分两步完成：第一步，由编译程序对源程序文件进行分析和处理，生成相应的机器语言目标模块，由目标模块构成的代码文件称为目标文件。目标文件还不能执行，因为其中缺少C程序运行所需要的一个公共部分——C程序的运行系统。此外，一般C程序里都要使用函数库提供的某些功能，例如前面例子中用到标准函数库的一个输出函数（printf 是该函数的名字）。为构造出完整的可以运行的程序，还需要第二步加工——连接。这一工作由连接程序完成，将编译得到的目标模块与其他必要部分（运行系统、函数库提供的功能模块等）拼装起来，做成可执行程序。图1–3说明了C程序的基本加工过程。

对前面简单C程序的例子进行加工后，就能得到一个与之对应的、可以在计算机上执行的程序。启动运行这个可执行程序，将能看到它的执行结果。这个程序的执行将得到一行输出，通常显示在计算机屏幕上或者图形用户界面上的特定窗口里：

```
Good morning!
```

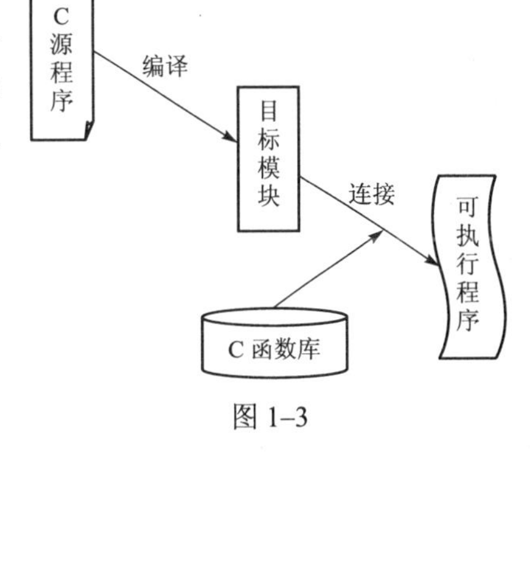

图1–3

如果修改程序，将双引号里的一串字符换成其他内容，就可以让它输出那些内容。例如：

```
#include <stdio.h>
main ()
{
    printf("Hello, world!\n");
}
```

这一程序加工后执行，就会输出：

```
Hello, world!
```

C程序加工过程的启动方式由具体C语言系统确定，具体情况请查看有关的系统手册，有时需要直接用操作系统命令形式启动各种基本加工工作（启动编译系统、连接系统等）。具体过程是先用一个命令要求编译源程序，再用另一个命令做连接。其中除了要把源程序文件名作为命令参数外，还常常需要输入一些其他参数。这些命令的书写形式比较复杂，使用不太方便，此外，为了输入、编辑和修改程序，还需要另用一个编辑系统。

1.4.2 程序格式

实际的C程序可能比前面的简单例子长得多。一般来说，一个C程序是由一系列可打印（可显示）字符构成的，人们一般用普通编辑器或者用专门的程序开发系统写程序、修改程序。组成程序的字符序列通常按照人阅读的习惯被分为一些行（就是在字符序列中插进一些换行符），每行长度不必相同。注意：上面例子中把花括号内的部分看做下一层次内容后退几格写出，就是希望程序的表面形式能较好反映程序的内部层次结构。

C语言是一种“自由格式”语言，除了若干简单限制外，写程序的人完全可以根据自己的想法和需要选择程序格式，选择在哪里换行，在哪里增加空格等。这些格式变化并不影响程序的意义。没规定程序格式并不说明格式不重要。程序的一个重要作用是给人看的，首先是写程序的人自己要看。对于阅读而言，程序格式非常重要。在多年的程序设计实践中，人们在这方面取得了统一认识：由于程序可能很长，结构可能很复杂，因此程序必须采用良好的格式写出，所用格式应能很好体现程序的层次结构，反映各个部分间的关系。

关于程序格式，人们普遍采用的方式是：① 在程序里适当加入空行，分隔程序中处于同一层次的不同部分；② 同层次不同部分对齐排列，下一层次的内容通过适当退格（在一行开始加空格），使程序结构更清晰；③ 在程序里增加一些说明性信息，这方面情况将在后面介绍。上面程序例子的书写形式就符合这些要求。

开始学习程序设计时就应养成注意程序格式的习惯。虽然对开始的小程序来说，采用良好格式的优势并不明显，但对稍大一点的程序，情况就不一样了。有人为了方便，根本不关心程序的格式，想的只是少输入几个空格或换行，这样做的结果是使自己在随后的程序调试检查中遇到更多麻烦。目前多数程序设计语言（包括 C 语言）都是自由格式语言，这就使人能够方便地根据自己的需要和习惯写出具有良好格式的程序来。

1.5 程序开发过程

本节讨论程序开发过程，包括程序调试（Testing）和排除错误（简称排误，Debugging）等方面的问题。调试和排误是程序实现的必经阶段。在读者刚开始学习程序设计时，下面讨论的一些情况可能难以完全明白，因为还缺乏程序设计实践，但是这些问题确实需要说明。本书把有关讨论集中在这里，希望读者能在学习了后面章节、做了些程序后再回来重读这些说明，这样反复几次就能弄清楚了。

1.5.1 程序的开发过程

用计算机解决问题的过程可以用图 1–4 描述，这种过程大致如下。

（1）分析问题，设计一种解决问题的途径。

（2）根据所设想的解决方案，用编辑系统（或 IDE）建立程序。

（3）用编译程序对源程序进行编译。正确完成就进入下一步；如发现错误，就需要设法确定错误，返回到第（2）步去修改程序。

（4）反复工作直到编译能正确完成，编译中发现的错误都已排除，所有警告信息都已处理（其中一些排除，其余已弄清不是错误），这时就可以做程序连接了。如果连接发现错误，就需返回前面步骤，修改程序后重新编译。

（5）正常连接产生了可执行程序后，就可以开始程序的调试执行了。此时需要用一些实际数据来考查程序的执行效果。如果执行中出了问题或发现结果不正确，那么就要设法确定错误原因，返回到前面步骤：修改程序、重新编译、重新连接，等等。

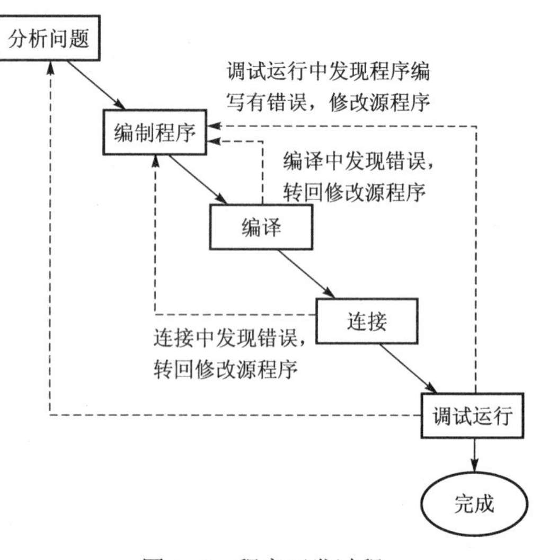

图 1–4 程序开发过程

1.5.2 程序错误

关于排除程序错误的术语“Debugging”还有一个故事。在计算机发展早期的美国，有一天，一台计算机出故障不能运行了。经仔细检查，人们发现计算机里有一个被电流烧焦的小虫（bug），它造成了电路短路，是这次故障的祸根。从此，检查排除计算机故障的工作就被称为“Debugging”，就是“找虫子”。后来人们也这样看待和称呼检查程序错误的工作。

实际上，对程序设计而言这个词并不贴切。因为程序中的错误都是编程者所犯的错误，并没有其他客观原因，也没有虫子之类的小东西捣乱，学习程序设计首先应该认清这一情况。

所谓排除程序错误，也就是排除自己在程序设计过程中所犯的错误，或说是改正自己写在程序里的错误。初学者在遇到程序问题时，往往倾向于认为所用系统或者计算机有问题，常会说“我的程序绝没有错，一定是系统的毛病”。而有经验的程序员都知道，如果程序出了错，基本上可以肯定是自己的错，需要仔细检查程序去排除它们。

程序的错误可以分为两大类，一类是程序书写形式在某些方面不符合程序语言要求而形成的错误。对于这类错误，语言系统在加工程序的过程中能够检查出来。另一类是程序书写形式本身没错，加工过程能正常完成，产生可执行程序，但或是程序执行中出了问题或是计算结果（或执行效果）不符合需要的错误。排除程序错误的目的就是要消除这两类错误。

1.5.3 程序加工中有关错误的排除

如果语言系统在程序加工过程中能查出错误，编译程序或连接程序就会产生出错信息。

通常，语言处理程序每发现一个错误就产生一个错误信息行，指明发现错误的位置（例如发现错误的源程序行编号等）和所确认的错误类型，信息行里还可能包括其他信息，供人们检查程序时参考。不同的C语言系统在检查错误的能力、产生出错信息的形式等方面可能有许多不同，但无论如何，每当系统给出了出错信息，人们都应该仔细阅读，检查错误信息所指定位置附近的源程序代码，找到真正的错误原因并予以排除，然后再继续下去。

编译程序能发现的错误（编译错误）主要有两类。

（1）局部语法错误，如缺少必要的符号（常见的如缺少分号、括号），组合符号拼写不正确等。对这些错误，编译程序都能给出发现错误的位置，但给出的错误原因有时未必正确。编译程序是一个个字符地检查源程序，如果检查到某位置能确定程序有问题，就把这里作为发现错误的位置。因此，源程序中实际错误或是出现在编译程序指定的出错位置或是在这个位置之前，应当从这里开始向前检查，设法确定错误原因。有些错误可能到很远以后才被编译程序发现，也就是说，实际错误可能出现在编译程序所指位置前面很远的地方。还有一个问题值得注意，有时一个实际错误会导致编译程序产生许多出错信息行，这是因为源程序错误可能使编译程序进入某种非正常的状态，致使它产生一系列出错信息。经验告诉人们，排除程序错误的基本原则是：每次编译后集中精力排除编译程序发现的第一个错误，如果无法确认后面的错误，就应当重新编译检查。排除一个错误可能消除掉许多出错信息行。

（2）程序里上下文关系方面的错误。程序里的许多东西有前后对应问题，例如要用的东西必须先有定义，如果编译过程中发现某些东西无定义，就会指出这个错误。这种错误通常是因为名字拼写有误而造成的，或者有时确实是忘记定义了，这些都比较容易检查和纠正。

编译程序发现错误时总能提供出错位置的信息，这种信息非常重要。为帮助人们发现程序中的问题，许多编译程序还做一些超出语言定义的检查，如果发现程序有可疑之处，它会提供警告信息（warning）。这种信息未必表示程序有错误，但也很可能是真有错误。经验告诉我们，对警告信息绝不能掉以轻心，警告常常预示着隐藏较深的错误，必须认真地一个个弄清其原因，只有那些能确认没有问题的警告，才可以让它们留在那里。

连接程序也可能检查出一些错误，这些错误称为连接错误。连接错误都是有关目标模块间或目标模块与程序库、运行系统之间关系方面的问题。例如，若在前面简单程序里不慎把“main”写成“mian”，编译时不会发现问题，连接时会得到一个错误信息，意思是说连接中没找到名字为“main”的函数。出问题的原因是C程序运行系统要用这个函数去启动程序，而在程序里没有这个函数（因为名字写错了）。连接程序发现的错误通常都与名字有关，此时它只能指出发现了关于哪个名字的错误，却无法指出有关错误在源程序里出现的位置。对于小程序，这种错误很容易排除，程序大时可以利用编辑器的字符串查找功能来排除。

1.5.4 程序运行中的错误

完成了程序加工，生成了可执行程序之后，下一步工作应是试验性地运行程序了。检查运行情况，看它是否正确实现了所需功能。程序运行中也可能会出错，出错情况可能有多种。

（1）程序执行中可能违反了系统环境的基本要求，例如试图执行某种非法操作。这时会出什么问题完全由程序及其运行所在的操作系统决定。在检查严格的系统里，这种程序通常会因为违规而被强行终止，操作系统可能给出出错信息；在控制不严或者完全没控制的系统（例如计算机的 DOS 系统）里，程序的这种问题多半会导致系统死机或出现其他不正常现象。这种程序错误往往很隐蔽，需要仔细检查才能发现。在写 C 程序时不注意，就容易写出这种错误程序，这是 C 语言的一个重要缺点。在本书后面的讨论中，也特别注意提醒读者在哪些地方需要小心。

（2）由于编程错误，致使程序在执行中进入某种不能结束的状态，一般称“进入死循环”，也就是无休止地重复执行某段指令而无法停止。这种程序在启动后长时间没有反应，或是在执行中不断输出类似信息（如果死循环里有输出命令）。当然，长时间无反应未必说明程序进入了死循环。如果程序里要求键盘输入，执行到达这里程序就会进入等待，直到由键盘输入信息后才继续下去，这是正常情况，另一方面，有的程序确实需要运行较长时间。对程序是不是真正进入了死循环，还需要仔细分析和判断。

（3）程序在执行中因为出现某些情况无法继续下去而停止，这时会给出运行中的动态错误信息。例如算术运算中把 0 作为除数，这将使程序无法继续执行，只能停止。

（4）还有一种情况：程序能执行到结束，并不出错，但是产生的结果却不合要求或者不正确。这种错误属于一般性的语义错误，也是程序编制方面的问题。

编程中出错是常见问题，调试和排除错误是程序设计（开发）过程中必需的工作阶段。

1.5.5 动态运行错误的排除

人们常把程序错误分为两类。一类是静态错误，通过静态检查源程序可以清楚地看到它们。编译程序、连接程序能发现的错误都属于这一类。系统在加工中发现错误给出信息后，比较容易通过检查有关位置的上下文，确定错误原因和改正方法。要想找出这种错误，需要熟悉 C 语言的规定，包括各种结构形式和上下文关系方面的规定等。

另一类称为动态运行错误，出现在程序执行中，确认和纠正都更困难。仅能从程序代码、数据情况与得到的结果去设法弄清原因，需要更多的分析和思考。在发现动态运行错误后，首先还是应该分析错误的现象和程序代码，考虑出现错误的可能性，逐步排除疑点。

在发现程序错误疑点后，应该通过适当选择试验运行中提供的数据，设法确认所作出的判断，还可以设法找出导致错误产生的最简单数据。经过一系列试验和仔细分析，简单程序中的大部分错误都可能直接确认和排除。

如果无法直接确定错误原因，那么就需要采用动态检查技术了。进行动态错误检查的基本方法是检查程序执行的中间过程（中间状态）。人们最常用的一种方式是在有疑问的地方插入一些输出语句，让程序在执行中输出一些变量的值，通过检查关键变量的变化情况，常常可以发现导致程序错误的线索。

C 语言系统通常都为程序的动态检查提供了支持。尤其是各种集成式开发环境，它们都为程序的动态检查提供了强有力的支持。这方面的功能通常包括追踪、监视、设置断点、中断执行等，在以调试方式执行程序时可以使用这些功能，这里做些简单介绍。

（1）追踪。一般程序执行是通过一个启动命令，程序启动后就无约束地自动进行直至结束（可能是被强行终止或是自己终止）或进入死循环。对程序进行追踪指的是以有控制的方式执行程序，例如要求它一个一个语句地执行（单步执行）或要求它执行到某处暂时停下来（中断执行）等。这样就可以通过各种方式检查程序的中间状态，以便发现错误的根源。目前各种集成开发环境都提供了许多追踪及检查功能。

（2）监视。指在程序追踪过程中始终关注程序里某些变量的变化情况。

（3）设置断点。在开始追踪前，可以在程序里标出一些位置，要求程序执行到这些位置时停下来，以便做进一步检查。程序在断点暂停后，可以按命令继续执行下去或从执行中退出。如果确实发现错误，显然应该让程序停下来，修改后重新编译。

（4）中断执行。当发现（或认为）程序进入了非正常状态或在程序执行中需要检查中间状态时，可以中断程序执行。在调试中可以给程序发中断命令，程序接到中断命令后就会停在当时的执行点，但还处于执行状态。这样就可以检查执行现场的各种情况。

强有力的集成开发环境对编程而言确实是一个好条件。在学习程序设计的过程中，逐步了解和掌握所用工具也非常重要。目前有很多商用的集成开发环境，计算机上的语言系统一般都以这种环境作为主要部分。不同开发环境虽然各有特点，但在对程序开发和调试的支持方面差别不大，掌握一个就可以触类旁通，学习使用其他系统时也不会遇到很大困难。

人们应当看到，再好的集成开发环境也只是一个好工具，正确熟练地使用它们，能帮助编程者发现程序错误的线索，但确认和改正错误则必须依靠人动脑动手。因此，不能因为有了集成开发环境就不注意程序的写法了。人们在程序设计的实践中认识到，良好、正确的编程习惯和方式是至关重要、不可替代的。

人们也应看到事物的另一面：好的集成开发环境并不能造就优秀的程序工作者。现在的程序开发环境功能越来越强大，但我们却常能看到许多用高级工具编出的程序质量很差。编好程序最重要的还是要有对这一工作过程中的规律性的理解以及相当的程序设计经验。程序并不是代码的堆积，编程中最重要的一个方面是程序的设计和组织，程序越大，这方面工作的地位和作用就越明显。本书后面还要通过讨论和例子反复强调这一问题。

关于调试，还有一个重要问题。荷兰计算机科学家（图灵奖获得者）Dijkstra 有一句名言："调试可以确认一个程序里有错误，但是不能确认其中没有错误。"一个程序是否正确，这是一个非常深刻的、很难回答的问题。关于这个问题，既有许多理论研究也有许多实际的方法研究。在进入程序设计这个世界之前，请大家首先记住这一点。

1.6　解决问题与程序设计

有了适用的程序语言，该如何着手编写程序呢？程序设计是一种智力劳动，编程序就是解决问题。初学程序设计时写的是很简单的程序，与做一道数学应用题或物理练习题有类似之处。编程序时面对的是一个需要解决的问题，要完成的是一个符合题目要求的程序。一般来说，解决问题的过程可分为 3 步：第一步是分析问题，设计一种解决方案；第二步是通过程序语言严格描述这个解决方案；第三步是在计算机上试用这个程序，运行它，看是否真能解决问题。如果在第三步发现错误，那么就需要仔细分析错误原因，弄清楚并后退到前面步骤去纠正错误。如果发现程序有问题，那就要修改它，然后重新编译运行和检查；如果发现求解方案有误，那就需要修改方案，重编程序，……

这个工作过程的第一步与在其他领域里解决问题类似，只是考虑问题的基础不同。在程序设计中，需要从计算和程序的观点出发，这将引出许多新问题，这是本书讨论的一个重要方面。第二步和第三步是程序设计的特殊问题。由于程序语言的各种结构有明确定义的功能，把头脑中形成的解决方案变为程序语言描述，往往也不是直截了当的，而需要经过仔细考虑和规划。另外，程序语言有严格规定的形式，把想清楚的程序按符合规定的形式写出来，也需要做不少工作，在这个过程中也可能犯错误。前面关于程序中可能的错误与排除的讨论，应主要关注第二步和第三步之间的小循环，这个方面有许多新东西需要学习。至于发现问题的解决方案有错误，则需要根据对所发现问题的深入分析而得出。

在程序设计领域里，在解决小问题与解决大问题或是为完成练习而写程序与为解决实际应用而写程序之间并没有鸿沟。开发大的实际程序或软件系统，增加的主要是前期工作。即首先要把问题分析清楚，弄明白到底要做什么，这方面还需要进一步学习。

本课程涉及的东西很多，包括知识的记忆和灵活掌握，解决问题的思维方法，具体处理的手段和技巧，还有许多实际工作和操作技能问题。本书把几个重要方面列在这里。

（1）分析问题的能力，特别是从计算和程序的角度分析问题的能力。应逐渐学会从问题出发，通过逐步分析和分解，把原问题转化为能用计算机通过程序方式解决的问题。在此过程中构造出一个解决方案。这方面的研究没有止境，许多专业性问题都需要用计算机解决，为此，参与者既需要熟悉计算机，也需要熟悉专业领域。将来的世界特别需要这种兼容型的人才。虽然课程和教科书里的问题很简单，但它们却是通向解决复杂问题的桥梁。

（2）掌握所用的程序语言，熟悉语言中的各种结构，包括其形式和意义。语言是解决程序问题的工具，要想写好程序，必须熟悉所用语言。应注意，熟悉语言绝不是背诵定义，这个熟悉过程只有通过程序设计的实践才能完成。就像上课再多也不能学会开车一样，仅靠看书、读程序、抄程序不可能真正学会写程序。要学会写程序，就需要反复地亲身实践从问题到程序的整个过程，开动脑筋，想办法处理遇到的各种情况。

（3）学会写程序。虽然写过程序的人很多，但会写程序、能写出好程序的人就少得多了。经过多年的程序设计实践，人们对什么是“好程序”有了许多共同认识。例如，解决同样问题，写出的程序更简单就是一个目标，这里可能有计算方法的选择问题、有语言的使用问题，其中需要确定适用的程序结构等。除了程序本身是否正确外，人们还特别关注写出的程序是否具有良好的结构，是否清晰，是否易于阅读和理解，当问题中有些条件或要求改变时，程序是否容易修改而满足新的要求，等等。后面许多章节里会反复提到这些问题。

（4）检查程序错误的能力。初步写出的程序常会包含一些错误，虽然语言系统能帮人们查出其中的一些，并通告发现错误的位置，但确认实际错误和实际位置，确定如何改正，这些永远是编程者自己的事。对于系统提出的各种警告、系统无法检查的错误等的认定就更依靠人的能力了。这种能力也需要在学习中有意识地锻炼。

（5）熟悉所用工具和环境。程序设计要用一些编程工具，要在具体的计算机环境中进行，熟悉工具和环境也是这个学习中很重要的一部分。目前大部分读者可能要用某种集成开发环境做程序实习，熟悉这种环境的使用也很重要，能大大提高人们的工作效率。

习　　题

1. 根据自己的认识，写出 C 语言的主要特点。
2. 上机运行本章中出现的程序，熟悉所用系统的上机方法和步骤。
3. 参照本章程序例子，编写一个 C 程序，输出以下信息。

```
*****************************************
          Welcome To Beijing!
*****************************************
```

第 2 章　数据类型和运算

章前导读

问大家一个问题:

现实生活中有哪些信息可以用计算机管理呢?

职工、学员、客户、工资、原材料、产品、商品……现实中使用计算机管理的信息已数不胜数。

职工又有什么信息呢?

职工有姓名、性别、出生年月、家庭住址、电话、婚否、工龄、工种、工资等。

所有的这些信息，在计算机里都是以什么样的数据形式来表达呢? 请闭上眼睛想一想，再看以下的各种回答。

“二进制数”，正确。

“已数字化的数据”，也算正确。

“0 和 1”，正确。

“机器语言”，正确。

本章需要继续讨论的一个问题就由此开始。所有的信息都用机器语言——0 和 1 来表达，那编写程序岂不很难?

人类的世界，是有类型的世界。

树木花草，归一类“植物”;

猪狗猫羊，归一类“动物”;

金银铜铁，归一类“金属”;

你我他她，归一类“人类”。

在程序员中流传着这样一个观点: 整个世界都可以用数据和处理来表达。基于此，整个世界就是一个程序; 而万物是世界的数据。如果你找一个人，对他说: “你等于一只猪”。他一定暴跳如雷。为什么呢? 嘻嘻，学了这一章，我们就可以从程序的角度来解释了: 人和猪不是同一类型，不适于做赋值操作。

2.1　基本字符、标识符和关键字

2.1.1　基本字符

一个 C 程序就是 C 语言基本字符组成的一个符合规定形式的序列。C 语言基本字符包括:

(1) 数字字符 0，1，2，3，4，5，6，7，8，9。

（2）大小写英文字母 a～z，A～Z。

（3）其他一些可打印（可以显示）的字符（如各种标点符号、运算符号、括号等），包括~ ! % & * ( )_ - + = { } [ ] : ; " ' < > , . ? / | \

现在不必死记这些，随着学习的深入，读者将很容易记住这些字符的意义和作用。

（4）还有一些特殊字符，如空格符、换行符、制表符等，空格符、换行符、制表符等统称为空白字符，空白字符在程序中主要用于分隔其他成分。

按规定，在 C 程序中大部分地方增加空白字符都不影响程序意义。因此人们写程序时常利用这种性质，通过加入一些空白字符，把程序排成适当格式，以增强程序的可读性，例如，在适当地方换行，在适当地方加空格或制表符。这样能使程序的表现形式更好反映其结构和所实现的计算过程。举例说，第 1 章的简单 C 程序也可以写成下面样子：

```
#include <stdio.h>
main(){printf("Good morning!\n"); }
```

这样明显不如前面的写法清晰。如果是更大的程序的话，情况则会更糟糕。本书在后面讨论中还会提出对各种程序成分的较好的写法，书中程序示例也反映了这方面的情况。

构成 C 程序的基本成分包括各种名字（如上面出现的 main、printf 等）、各种数值表示（如 125、3.14 等）以及各种运算符和其他符号。

2.1.2 标识符

程序中有许多需要命名的对象。例如，程序中常常需要定义一些东西，以便在各处使用。

为了在定义和使用之间建立联系，表示不同位置用的是同一个对象，基本的方式就是为程序对象命名，通过名字建立起定义与使用间、同一对象的不同使用间的联系。为了这种需要，C 语言规定了名字的书写形式。程序中的名字称为标识符。

一个标识符是字母和数字字符组成的一个连续序列，其中不能有空白字符，而且要求第一个字符必须是字母。为了方便起见，C 语言特别规定将下画线字符“_”也当做字母看待。这就是说，下画线可以出现在标识符中的任何地方，当然也可以作为标识符的第一个字符。下面是一些标识符的例子：

```
Abcd   Beijing   C_Programming   _f2048  sin  a3b06  xt386ex
A_great_machine  Small_talk_80   FORTRAN_90
```

以下画线开始的标识符保留给系统使用，在编写普通程序时不要使用这种标识符，以免与系统内部的名字冲突从而造成程序问题。

如果一个字符序列中出现了非字母、非数字、也非下画线的字符，那么它就不是一个标识符了（但有可能其中一部分是个标识符，例如 x3+5+y，其中 x3 和 y 都是标识符，中间的 +5+不属于这两个标识符）。下面是一些非标识符的字符序列：

```
+= 3set   a[32]   $$$$   sin(2+5)  ::ab4==
```

C 语言还规定，标识符中同一字母的大写形式和小写形式将看作不同字符。这样，a 和 A 不同，name、Name、NAME、naMe 和 nAME 也是互不相同的标识符。

2.1.3 关键字

C 语言的合法标识符中有一个特殊的小集合，其中的标识符称为关键字。作为关键字的标识符在程序里具有语言预先定义好的特殊意义，因此不能用于其他目的，不能作为普通的名字使用。C 语言关键字共 32 个，列在这里。

auto	break	case	char	const	continue	default	do
double	else	enum	extern	float	for	goto	if
int	long	register	return	short	signed	sizeof	static
struct	switch	typedef	union	void	unsigned	volatile	while

这里不准备对它们做更多解释。随着书中讨论的深入，读者会一个一个地接触并记住它们。目前只需要了解关键字这一概念。

除了不能使用关键字之外，人们写程序时几乎可以用任何标识符为自己所定义的东西命名，所用的名字可以自由选择。通过长期的程序设计实践，人们认识到命名问题并不是一件无关紧要的事情。合理选择程序对象的名字能为人们写程序、读程序提供有益的提示，因此，人们倡导采用能说明程序对象内在含义的名字（标识符）。

注意：命名问题并不是 C 语言中特殊的东西，每种程序语言都必须规定程序中名字的形式。在计算机领域中到处都用到名字。例如，计算机里的文件和目录，各种应用程序和系统，图形界面上的图标和按钮，甚至计算机网络中的每台计算机都需要命名。采用适当命名形式的原则在计算机领域中具有广泛适用性。

2.2 数据与类型

数据是程序处理的对象。C 语言把程序能处理的基本数据对象分成一些集合。属于同一集合的数据对象具有同样性质：采用统一的书写形式，在具体实现中采用同样的编码方式（按同样规则对应到内部二进制编码，采用同样二进制编码位数），对它们能做同样操作，等等。语言中具有这样性质的一个数据集合称为一个类型。

从计算机的基础知识可知，计算机所处理的数据也分成一些类型，通常包括字符、整数、浮点数等，CPU 为不同数据类型提供了不同的操作指令。例如，对整数有一套加减乘除指令，对浮点数有另一套加减乘除指令。程序语言中的数据分类与此有密切关系。但类型的意义不仅在此，实际上，类型是计算机科学的核心概念之一。在学习程序设计和程序设计语言的过程中会不断与类型打交道。

在 C 语言中，数据类型可分为：基本数据类型、构造数据类型、指针类型、空类型 4 大类。

（1）基本数据类型：基本数据类型最主要的特点是其值不可以再分解为其他类型。也就是说，基本数据类型是自我说明的。

（2）构造数据类型：构造数据类型是根据已定义的一个或多个数据类型用构造的方法来定义的。也就是说，一个构造类型的值可以分解成若干个“成员”或“元素”。每个“成员”都是一个基本数据类型或又是一个构造类型。在 C 语言中，构造类型有数组、结构型、共用型等几种。

（3）指针类型：指针是一种特殊的，同时又具有重要作用的数据类型。其值用来表示某个变量在内存储器中的地址。虽然指针变量的取值类似于整型量，但这是两个类型完全不同的量，因此不能混为一谈。

（4）空类型：在调用函数时，通常应向调用者返回一个函数值。这个返回的函数值是具有一定数据类型的，应在函数定义及函数说明中给予说明。例如在例题中给出的 max 函数定义中，函数头为“int max(int a,int b);”其中“int”类型说明符即表示该函数的返回值为整型量。又如在例题中，使用了库函数 sin，由于系统规定其函数返回值为双精度浮点型，因此在赋值语句“s=sin (x);”中，s 也必须是双精度浮点型，以便与 sin 函数的返回值一致。所以在说明部分，把 s 说明为双精度浮点型。但是，也有一类函数调用后并不需要向调用者返回函数值，这种函数可以定义为“空类型”，其类型说明符为 void。在后面函数中还要详细介绍。

C 语言中数据的基本类型包括字符类型、整数类型、实数类型等。请读者特别注意：① 程序中书写的、执行中处理的每个基本数据都属于某个确定的基本数据类型；② 类型确定了属于它的数据对象的许多性质，特别是确定了数据的表示范围。在具体 C 语言系统里，基本类型都有确定表示（编码）方式，这就确定了可能表示的数据范围。例如，一个整数类型中的所有整数只是数学中整数的一个子集，其中只包含有限个整数值，包括该类型能表示的最小和最大整数，其他整数在这个类型里没有容身之地，无法在这个类型中表示。

2.3　常量与变量

对于基本数据类型量，按其取值是否可改变又分为常量和变量两种。在程序执行过程中，其值不发生改变的量称为常量，其值可变的量称为变量。它们可与数据类型结合起来分类。例如，它们可分为整型常量、整型变量、浮点常量、浮点变量、字符常量、字符变量、枚举常量、枚举变量。在程序中，常量是可以不经说明而直接引用的，而变量则必须先定义后使用。

2.3.1　常量和符号常量

在程序执行过程中，其值不发生改变的量称为常量。

直接常量（字面常量），如：整型常量 12、0、−3；实型常量 4.6、−1.23；字符常量'a'、'b'；字符串常量（字符串）"Good "。

符号常量，即用标识符代表一个常量。

符号常量在使用之前必须先定义，其一般形式为：

#define　标识符 常量

其中#define 也是一条预处理命令（预处理命令都以"#"开头），称为宏定义命令（在后面将进一步介绍），其功能是把该标识符定义为其后的常量值。一经定义，以后在程序中所有出现该标识符的地方均代之以该常量值。

习惯上，符号常量的标识符用大写字母书写，变量标识符用小写字母书写，以示区别。

【例 2.1】 符号常量的使用。

```
#define PRICE 30
main()
{
    int num,total;
    num=10;
    total=num* PRICE;
    printf("total=%d",total);
}
```

符号常量与变量不同，它的值在其作用域内不能改变，也不能再被赋值。

使用符号常量的好处是：含义清楚，能做到“一改全改”。

2.3.2 变量

其值可以改变的量称为变量。一个变量应该有一个名字，在内存中占据一定的存储单元。变量定义必须放在变量使用之前，一般放在函数体的开头部分。要区分变量名和变量值是两个不同的概念。变量的具体存放形式如图 2–1 所示。

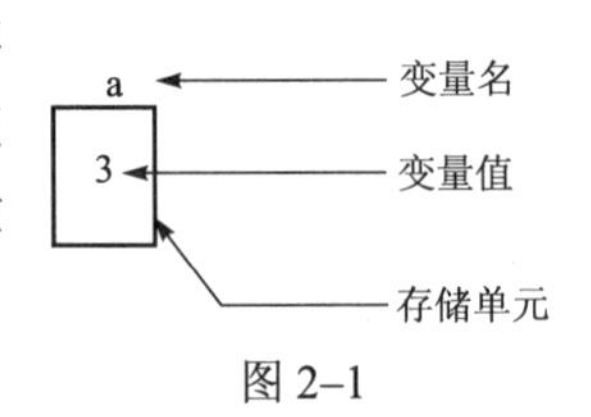

图 2–1

2.4 基本类型与数据表示

C 语言提供了一组基本数据类型，并规定了“类型名”。基本类型的名字由一个或几个标识符（关键字）构成，其形式与前面讲的“名字”有所不同。本节将介绍几个常用的类型。

首先应提出常量的概念。常量就是程序里直接写出的数据，例如，程序里直接写出的整数类型的数据就称为“整型常量”。为简单起见，也常把整型常量简称为“整数”，其他情况也采用类似称呼方式，后面常用这种简称，只在特别需要时才用更严格的说法。C 语言规定了各种基本类型的常量的书写形式，这也是本节的主要内容。

2.4.1 整数类型和整数的表示

C 语言提供了多个整数类型以适应不同需要。不同整数类型间的差异在于它们可能具有不同的二进制编码位数，因此表示范围可能不同。程序中用的最多是一般整数类型（今后简称为“整数类型”或“整型”）和长整数类型（简称“长整型”）。整数类型的类型名是“int”，长整型的类型名为“long int”，可简写为“long”。int 和 long 都是关键字。

1. 整数表示

整数（int 类型的常量）有几种书写形式，程序中的整数一般采用十进制写法。用十进制方式写出的一个整数就是普通数字字符组成的一个连续序列，其中不能有空格、换行或其他字符。C 语言规定十进制表示的数字序列的第一个字符不能是 0，除非要写的整数本身就是 0。下面是一些整数的例子。

123　　304　　25278　　1　　0　　906

由于长整数是另一个不同类型的整数，所以 C 语言为长整数规定了一种专门写法，其特殊之处是在表示数值的数字序列最后附一个字母“l”或“L”作后缀。由于小写字母“l”容易与数字“1”混淆，建议读者采用大写的“L”。下面是一些长整数的例子。

123L　　304l　　25278L　　1l　　0L　　906L

2. 表示范围

C 语言没有规定各种整数类型的表示范围，也就是说，没有规定各种整数的二进制编码长度。对于 int 和 long，只规定了 long 类型的表示范围不小于 int，但也允许它们的表示范围相同。具体 C 语言系统则会对整型和长整型规定表示方式和表示范围。例如，早期计算机的一些 C 语言系统采用 16 位二进制表示的整数（一个 int 占 2 个字节）和 32 位表示的长整数

（一个 long 占 4 个字节）。这样，整型的表示范围就是−32 768～32 767，即-2^{15}～$2^{15}-1$。长整型的表示范围是-2^{31}～$2^{31}-1$。在许多新的计算机 C 语言系统里，整数（int）和长整数（long int）都采用 32 位的二进制数表示。

C 语言允许在整数的前面写正负号，加上负号的整数就是负整数。

3. 整数的八进制书写法和十六进制书写法

整数与长整数都可以采用八进制或十六进制的形式书写。

用八进制形式写出的整数（int 类型的常量）是由数字 0 开始的连续数字序列，在序列中只允许 0～7 这 8 个数字。下面是用八进制写法写出的一些整数和长整数。

```
0236    0527    06254    0531    0765432L
```

整数的十六进制形式是由 0x 或 0X 开头的数字序列。由于数字只有 10 个，而在十六进制写法中需要 16 个数字，C 语言采用计算机领域通行的方式，用字母 a～f 或 A～F 表示其余的 6 个十六进制数字，其对应关系是：

字母	a,A	b,B	c,C	d,D	e,E	f,F
表示的数字	10	11	12	13	14	15

下面是用十六进制形式写出的一些整数和长整数。

```
0x2073    0xA3B5    0XABCD    0XFFFF    0XF0F00000L
```

注意：八进制、十进制和十六进制只是整数的不同书写形式，提供多种写法是为了编程方便，使人可以根据需要选择适用的书写方式。无论采用八进制写法还是十六进制写法，写出的仍是某个整数类型的数，并不是新的类型。用八进制、十六进制形式写长整数时，同样需要加后缀 l 或者 L。

日常生活中人们习惯于用十进制的形式书写整数。C 语言提供八进制和十六进制的整数书写方式，也是为了写程序的需要。在写复杂程序时，有些情况下用八进制和十六进制更方便些，后面会看到这方面的例子。

4. 整型变量

用于存放整型数据的变量称为整型变量，如果定义了一个整型变量 i：

```
int i;
i=10;
```

则变量 i 在内存中存放形式如下：

0	0	0	0	0	0	0	0	0	0	0	0	1	0	1	0

数值在内存中是以二进制补码表示的：

- 正数的补码和原码相同；
- 负数的补码是将该数的绝对值的二进制形式按位取反再加 1。

例如：求−10 的补码。

10 的原码：

0	0	0	0	0	0	0	0	0	0	0	0	1	0	1	0

取反：

1	1	1	1	1	1	1	1	1	1	1	1	0	1	0	1

再加1，得–10的补码：

1	1	1	1	1	1	1	1	1	1	1	1	0	1	1	0

由此可知，左面的第一位是表示符号的。

整型变量可以分为以下几种类型。

基本整型：类型说明符为 int，在内存中占 2 个字节。

短整型：类型说明符为 short int 或 short，所占字节和取值范围均与基本型相同。

长整型：类型说明符为 long int 或 long，在内存中占 4 个字节。

以上整型变量按照有无符号还可以分为有符号类型（signed）和无符号类型（unsigned）。所以 C 语言共有 6 种整型变量。

表 2–1 列出了各类整型变量所分配的内存字节数及数的表示范围。

表 2–1　整型类型的有关数据

类型说明符	数的范围	字节数
int	–32 768～32 767　即-2^{15}～（$2^{15}-1$）	2
unsigned int	0～65 535　即 0～（$2^{16}-1$）	2
short int	–32 768～32 767　即-2^{15}～（$2^{15}-1$）	2
unsigned short int	0～65 535　即 0～（$2^{16}-1$）	2
long int	–2 147 483 648～2 147 483 647　即-2^{31}～（$2^{31}-1$）	4
unsigned long	0～4 294 967 295　即 0～（$2^{32}-1$）	4

注意：要用某计算机上的某个 C 语言系统编程时，要做的一件事就是查清该系统里各种整数类型的表示范围。有关情况可以从系统使用手册中查到，或查看介绍该系统的书籍，或查看系统的联机帮助，此外还可以查看这个 C 语言系统中名字为 limit.h 的文件。这是每个 C 语言系统都有的一个标准文件，其中列出了各种情况的具体规定，对于接下来介绍的浮点数也有类似情况。例如，在一些 C 语言系统里，long double 采用与 double 同样的表示方式。有关具体 C 语言系统中浮点数表示的情况，也应查阅系统手册，还可以查阅名为 float.h 的标准文件。

5. 整型变量的定义

变量定义的一般形式为：

类型说明符　变量名标识符，变量名标识符，…；

例如：

int a,b,c; (a,b,c 为整型变量)

long x,y; (x,y 为长整型变量)

unsigned p,q; (p,q 为无符号整型变量)

在书写变量定义时，应注意以下几点。

（1）允许在一个类型说明符后定义多个相同类型的变量。各变量名之间用逗号间隔，类型说明符与变量名之间至少用一个空格间隔。

（2）最后一个变量名之后必须以“；”号结尾。

（3）变量定义必须放在变量使用之前，一般放在函数体的开头部分。

【例 2.2】整型变量的定义与使用。

```
main()
{
    int a,b,c,d;
    unsigned u;
    a=12;b=-24;u=10;
    c=a+u;d=b+u;
    printf("a+u=%d,b+u=%d\n",c,d);
}
```

运行结果是：

```
    a+u=22, b+u=-14
```

在本例中可以看出，不同种类的整型数据可以进行算术运算。

6. 整型数据的溢出

一个整型变量所能表示的最大值是 32 767，如果再加 1，系统将无法正确表示，也就是说计算结果超出了范围，人们将这种情况称为“溢出”。

【例 2.3】整型数据的溢出。

```
main()
{
    int a,b;
    a=32767;
    b=a+1;
    printf("%d,%d\n",a,b);
}
```

在这里，人们期望程序运行后变量 b 的结果是 32 768，但是实际输出却是：

32 767，–32 768

因为内存中 32 767 和–32 768 这两个数的表示形式分别是：

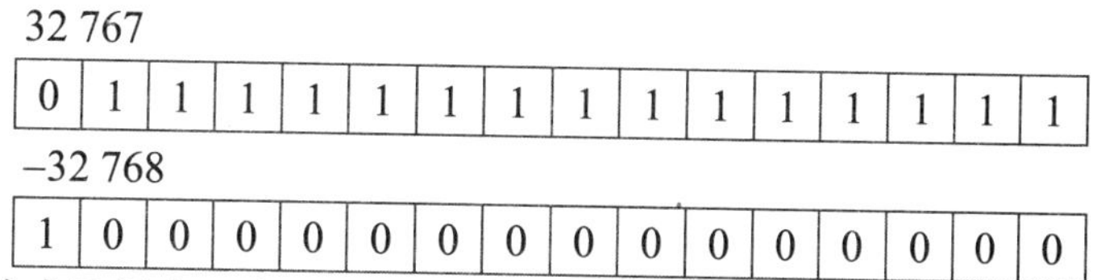

32 767

0	1	1	1	1	1	1	1	1	1	1	1	1	1	1	1

–32 768

1	0	0	0	0	0	0	0	0	0	0	0	0	0	0	0

这就像车辆的机械式里程表（当然在计算机内存中是二进制的）达到最大值后又从最小值开始计数。

2.4.2　实数类型和实数的表示

1. 实数类型

C 语言提供了 3 个表示实数的类型：单精度浮点数类型，简称浮点类型，类型名为 float；双精度浮点数类型，简称双精度类型，类型名为 double；长双精度类型，类型名为 long double。

这些类型的常量也分别称作“浮点数”“双精度数”和“长双精度数”。所有整数类型和实数类型统称为算术类型。

实数在计算机内部的表示由具体系统规定，其中不少系统采用通行的国际标准（IEEE 标准，IEEE 是电子电气工程师协会，是一个著名的国际性技术组织）。

（1）浮点类型的数用 4 个字节 32 位二进制表示，这样表示的数大约有 7 位十进制有效数字，数值的表示范围约为$\pm(3.4\times10^{-38}\sim3.4\times10^{38})$。

（2）双精度类型的数用 8 个字节 64 位二进制表示，双精度数大约有 16 位十进制有效数字，数值的表示范围约为$\pm(1.7\times10^{-308}\sim1.7\times10^{308})$。

（3）长双精度类型的数用 10 个字节 80 位二进制表示，大约有 19 位十进制有效数字，其数值的表示范围约为$\pm(1.2\times10^{-4\,932}\sim1.2\times10^{4\,932})$ 。

显然，每个实数类型能表示的数也只是数学中实数的一个子集合，不仅表示范围有限，表示的精度（数的有效数字位数）也有限，读者应注意这些情况。

2. 实型常量的写法

C 语言中最基本的实数类型是双精度类型。双精度数的书写形式中的基本部分是一个数字序列，在序列中或者包含了一个表示小数点的圆点“.”（可以是第一个或最后一个字符），或者在表示数值的数字序列后面有一个指数部分。指数部分是以 e 或 E 开头的另一（可以包括正负号的）数字序列，指数以 10 为底，这种形式称为科学记数法，也可以既有小数点，又有指数部分。下面是一些双精度数的例子。

3.2　3.　2E–3　2.45e17　0.038　105.4E–10　304.24E8

其中一些双精度类型的常量（双精度数）与它们所表示的实数的对照见表 2–2。

表 2–2　双精度数与实数值对照表

双精度数	所表示的实数值
2E–3	0.002
105.4E–10	0.000 000 010 54
2.45e17	245 000 000 000 000 000.0
304.24E8	30 424 000 000.0

浮点数（float）类型的写法与双精度数类似，只是在数最后应加后缀字符 f 或者 F。表示长双精度数的后缀是 l 和 L。下面是一些浮点数类型和长双精度类型数的例子。

13.2F　1.7853E–2F　24.68700f　32F　0.337f

12.869L　3.417E34L　05L　5.E88L　1.L

负实数同样通过在数前加负号表示。

3. 实型数据在内存中的存放形式

实型数据一般占 4 个字节（32 位）的内存空间，按指数形式存储。实数 3.141 59 在内存中的存放形式如下：

+	.314159	1
数符	小数部分	指数

- 小数部分占的位（bit）数愈多，数的有效数字愈多，精度愈高；

● 指数部分占的位数愈多，则能表示的数值范围愈大。

4. 实型变量的分类

实型变量分为单精度（float 型）、双精度（double 型）和长双精度（long double 型）3 类。实型变量定义的格式和书写规则与整型相同。

例如：

float x,y;　　　　(指定 x,y 为单精度实型量)
double a,b,c;　　　(指定 a,b,c 为双精度实型量)
long double m,n;　　(指定 m,n 为长双精度实型量)

单精度型占 4 个字节（32 位）内存空间，其数值范围为 3.4E–38～3.4E+38，只能提供 7 位有效数字；双精度型占 8 个字节（64 位）内存空间，其数值范围为 1.7E–308～1.7E+308，可提供 16 位有效数字。各种实型变量的不同点见表 2–3。

表 2–3　各种实型变量的有关数据

类型说明符	比特数（字节数）	有效数字	数的范围
float	32（4）	6～7	10^{-37}～10^{38}
double	64（8）	15～16	10^{-307}～10^{308}
long double	128（16）	18～19	10^{-4931}～10^{4932}

5. 实型数据的舍入误差

由于实型变量是由有限的存储单元组成的，因此能提供的有效数字总是有限的，如例 2.4。

【例 2.4】 实型数据的舍入误差。

```
main()
{
    float a,b;
    a=123456.789e5;
    b=a+20
    printf("%f\n",a);
    printf("%f\n",b);
}
```

程序的运行结果为：

```
12345678848.000000
12345678848.000000
```

程序中 printf 函数中的“%f”表示输出一个实数时的格式符。从程序运行结果来看，输出 b 的值和 a 的相等。原因是 a 的值比 20 大很多，a+20 的理论值是 12345678920，而一个 float 类型的变量只能保证 7 位有效数字，后面的数字是无意义的，并不能准确地表示该数。所以在进行实数加减法运算的时候，应尽量避免相差太悬殊的两个数直接相加或者相减，否则可能丢失小数。注意：1.0/3*3 的结果并不等于 1。

【例 2.5】

```
main()
{
```

```
    float a;
    double b;
    a=33333.33333;
    b=33333.33333333333333;
    printf("%f\n%f\n",a,b);
}
```

程序运行结果为：

```
    33333.332031
    33333.333333
```

从本例可以看出，由于 a 是单精度浮点型，有效位数只有 7 位，而整数已占 5 位，故 2 位小数之后均为无效数字。b 是双精度型，有效位为 16 位，但规定小数后最多保留 6 位，其余部分四舍五入。

2.4.3 字符类型和字符的表示

1. 字符

字符类型数据主要用于程序的输入输出。此外，文字处理也是计算机的一个重要应用领域，该应用领域的应用程序必须能使用和处理字符形式的数据。由于大部分程序都需要与人打交道，需要接收人的输入信息（例如人给程序输入的命令，或者提供的数据），还需要给人输出信息，因此字符类型的数据在程序中的使用很广泛。

最常用的字符类型的类型名是 char。字符类型的数据值包括本计算机所用编码字符集中的所有字符。目前计算机和工作站常用 ASCII 字符集，其中的字符包括所有大小写英文字母、数字、各种标点符号字符，还有一些控制字符，一共 128 个。扩展的 ASCII 字符集包括 256 个字符。字符集的所有字符都是字符类型的值。在程序执行时，其中的字符就用对应的编码表示，一个字符通常占用一个字节。

字符文字量的书写形式是用单引号括起的单个字符，例如'1' 'a' 'D'等。一些特殊字符无法这样写出，例如换行字符等，C 语言为它们规定了特殊写法。几个最常用的转义字符的写法见表 2-4。

表 2-4 常用的转义字符及其含义

转义字符	转义字符的意义	ASCII 代码
\n	回车换行	10
\t	横向跳到下一制表位置	9
\b	退格	8
\r	回车	13
\f	走纸换页	12
\\	反斜线符"\"	92
\'	单引号符	39
\”	双引号符	34

续表

转义字符	转义字符的意义	ASCII 代码
\a	鸣铃	7
\ddd	1～3 位八进制数所代表的字符	
\xhh	1～2 位十六进制数所代表的字符	

这里的写法都是在单引号里面先写一个反斜线字符（\），后面再写一个（或多个）字符。在这种写法中，反斜线字符的作用就是表明它后面的字符不取原来意义。这样连续的两个（或多个）字符称为一个转义字符，用于表示无法写出的字符。反斜线字符在其中起特殊作用。

这里需要强调两点。

（1）字符数据与标识符不同。例如，x 和'x'是两种完全不同的东西，后者表示一个数据项，是程序处理的对象；前者则是程序描述中所用的一个名字，它可能代表程序里的某个东西。显然它们不在同一个层次上。

（2）数字字符和数不同。例如，1 和'1'，前者是一个整型文字量，是一个 int 类型的数据对象，其存储要占据 int 所规定的单元数，在常见的计算机 C 语言系统里，它可能占了 2 个或 4 个字节，其中存着整数 1 的二进制编码；而'1'是个 char 类型的数据，其存储通常占 1 个字节，其中存储着字符'1'的编码（在 ASCII 码中'1'的编码是 49）。

C 语言的一个特殊规定是把字符看做是一种特别短的整数，允许程序中直接用字符的值参与算术运算。

2. 字符变量

字符变量用来存储字符常量，即单个字符。

字符变量的类型说明符是 char。字符变量类型定义的格式和书写规则都与整型变量相同。例如：

```
char a,b;        (指定 a、b 为字符型变量)
char x,y;        (指定 x、y 为字符型变量)
```

3. 字符数据在内存中的存储形式及使用方法

每个字符变量被分配 1 个字节的内存空间，因此只能存放 1 个字符。字符值是以 ASCII 码的形式存放在变量的内存单元之中的。

如，x 的十进制 ASCII 码是 120，y 的十进制 ASCII 码是 121。对字符变量 a、b 赋以'x'和'y'值：

```
a='x';
b='y';
```

实际上是在 a、b 两个单元内存放 120 和 121 的二进制代码。

a

b

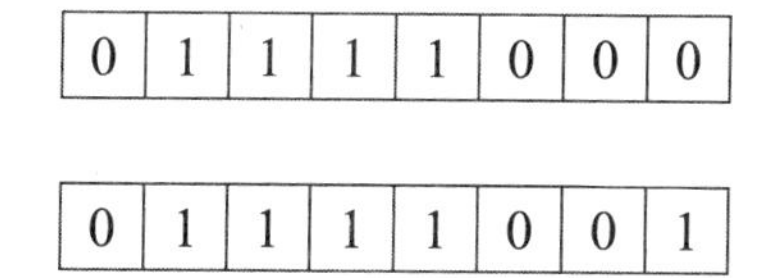

所以也可以把它们看成是整型量。C语言允许对整型变量赋以字符值，也允许对字符变量赋以整型值。在输出时，允许把字符变量按整型量输出，也允许把整型量按字符量输出。

整型量为二字节量，字符量为单字节量，当整型量按字符型量处理时，只有低八位字节参与处理。

【例2.6】向字符变量赋以整数。

```
main()
{
    char a,b;
    a=120;
    b=121;
    printf("%c,%c\n",a,b);
    printf("%d,%d\n",a,b);
}
```

程序运行结果为：

```
x,y
120,121
```

本程序中定义a、b为字符型，但在赋值语句中赋以整型值。从结果看，a、b的值的输出形式取决于printf函数格式控制字符串中的格式符。当格式符为"c"时，对应输出的变量值为字符，当格式符为"d"时，对应输出的变量值为整数。

【例2.7】

```
main()
{
    char a,b;
    a='a';
    b='b';
    a=a-32;
    b=b-32;
    printf("%c,%c\n%d,%d\n",a,b,a,b);
}
```

程序运行结果为：

```
A,B
65,66
```

本例中，a、b被说明为字符变量并赋以字符值，C语言允许字符变量参与数值运算，即用字符的ASCII码参与运算。由于大小写字母的ASCII码相差32，因此运算后把小写字母换成大写字母，然后分别以整型和字符型输出。

4. 字符串

字符串是C程序里可以直接写出来的另一类数据，其形式是用双引号括起来的一系列字符。下面是几个字符串的例子。

```
"CHINA"   "Beijing"   "Daxue"   "Welcome\n"
```

在字符串里的特殊字符也用转义字符的形式书写，例如上面第四个字符串的最后是一个转义字符表示一个换行字符。

程序中的字符串主要用于输入输出，在第 1 章的简单 C 程序里有下面一行代码：

```
printf("Good morning!\n");
```

圆括号里就是一个字符串。

C 语言规定程序不能在字符串中间换行，否则编译会出错。另外，C 语言没有字符串变量。

2.5　运算符、表达式与计算

了解了基本数据的描述后，就可以讨论计算过程的描述问题了。在 C 语言程序里，描述计算的最基本结构是表达式，表达式由被计算的对象（例如文字量，后面将会介绍更多的基本计算对象）和表示运算的特殊符号按照一定的规则构造而成。

描述数据运算的特殊符号称为运算符，C 语言里的运算符大都由一个或两个特殊字符表示（有个别例外）。本节将讨论各种算术运算符的形式和意义，介绍如何用它们构造算术表达式。讨论中还要介绍一些与运算符、表达式和表达式所描述的计算有关的重要问题，理解这些问题，对于正确描述所需计算的表达式非常重要。

C 语言的运算符可分为以下几类。

（1）算术运算符：用于各类数值运算，包括加（+）、减（–）、乘（*）、除（/）、求余（或称模运算，%）、自增（++）、自减（– –）共 7 种。

（2）关系运算符：用于比较运算，包括大于（>）、小于（<）、等于（==）、大于等于（>=）、小于等于（<=）和不等于（!=）6 种。

（3）逻辑运算符：用于逻辑运算，包括与（&&）、或（||）、非（!）3 种。

（4）位操作运算符：参与运算的量按二进制位进行运算，包括位与（&）、位或（|）、位非（～）、位异或（^）、左移（<<）、右移（>>）6 种。

（5）赋值运算符：用于赋值运算，分为简单赋值（=）、复合算术赋值（+=,–=,*=,/=,%=）和复合位运算赋值（&=,|=,^=,>>=,<<=）三类共 11 种。

（6）条件运算符：这是一个三目运算符，用于条件求值（?:）。

（7）逗号运算符：用于把若干表达式组合成一个表达式（,）。

（8）指针运算符：用于取内容（*）和取地址（&）2 种运算。

（9）求字节数运算符：用于计算数据类型所占的字节数（sizeof）。

（10）特殊运算符：有括号（）、下标[]、指向（→）、成员（.）等几种。

2.5.1　算术运算符

常规的算术运算符一共有 5 个，见表 2–5。

表 2–5　常用的算术运算符

运算符	使　用　形　式	意　　义
+	一元和二元运算符	一元表示正号，二元表示加法运算

续表

运算符	使 用 形 式	意 义
–	一元和二元运算符	一元表示负号，二元表示减法运算
*	二元运算符	乘法运算
/	二元运算符	除法运算
%	二元运算符	取模运算（求余数）

一元（单目）运算符就是只有一个运算对象的运算符，运算对象写在运算符后面。二元（双目）运算符有两个运算对象，分别写在运算符两边。在上面的算术运算符中，+和–同时作为一元和二元运算符使用，其他都是二元运算符。对表达式里的某个+或–运算符，根据其出现位置的上下文总可以确定它是作为哪种运算符使用的。取模就是求余数，例如 17 对 5 求余数的结果是 2（对于有负整数参与的取模运算，余数的符号总与被除数相同）。取模运算符只能用于各种整数类型，其余运算符可用于所有算术类型。

2.5.2 算术表达式

算术表达式由计算对象（例如数值的文字量等）、算术运算符及圆括号构成，其基本形式与数学上的算术表达式类似。下面是两个表达式的例子。

$-(28+32)+(16*7-4)$

$25*(3-6)+234$

对属于同一类型（int、long、float、double 或 long double）的一个或两个数据使用算术运算符，计算结果仍然是该类型的值。例如：3+5 算出整数类型的 8；3L + 5L 计算出长整数值 8；而 3.2+2.88 计算出一个双精度值。由此而产生的另一个问题是整数除法的问题，如计算 1/5 的结果，读者可能毫不犹豫地说结果是 0.2，但是你恰恰忽略了刚才所提到的问题，1 和 5 两个参与除法运算的数据都是整型，所以运算结果也将是整型，如果运算中产生小数，那么小数部分直接被忽略，所以 1/5 与 4/5 的结果都是 0。

【例 2.8】写程序计算半径为 6.5 cm 的圆球的体积。

根据前面有关简单 C 程序的说明、表达式的写法以及 printf 的使用形式，很容易写出下面的简单程序：

```
#include <stdio.h>
main()
{
    printf("V = %fcm^3\n",(3.1416 * 6.5 * 6.5 * 6.5) * 4.0 / 3.0 );
}
```

这个程序经过加工之后，运行时将输出计算结果：

```
    V = 1150.349200cm^3
```

这一程序示例也表示了一种最简单的计算程序的模式，将其中的表达式换成其他表达式，就可以完成各种算术表达式的计算了。写这种程序时，要特别注意表达式计算出的结果的类型（例如是 int 还是 double），相应格式控制字符串中的转换描述必须与之对应，否则就是程序错误。例如，下面程序里就有一个错误，无法保证这一程序能给出什么结果，甚至不知道它是否会导致系统崩溃。请设法找出这个程序里的错误，但不要去试验这个错误程序。

```
#include <stdio.h>
main()
{
    printf("Factorial of %d is %f\n", 7, 1*2*3*4*5*6*7);
}
```

2.5.3　表达式的求值

表达式的计算过程又称表达式求值。表达式的意义就是它所求出的值。一个表达式可能很复杂，可能有多个运算符，这时该表达式将确定什么样的计算过程呢？或者说，其中的运算符将按照怎样的顺序计算呢？程序语言必须对此做出明确规定。C 语言对表达式求值的规定包括运算符优先级的规定、运算符的结合方式的规定、运算对象求值顺序的规定以及括号的意义。

1. 优先级

小学生学算术就知道先乘除后加减，也就是说，乘除运算符具有更高优先级，在计算中应先做。C 语言里有很多运算符，它为每个运算符规定了一个优先级（参见附录 B）。当不同的运算符在表达式里相邻出现时，具有较高优先级的运算符应比具有较低优先级的运算符先行计算。算术运算符被放在 3 个不同的优先级上，见表 2–6。

表 2–6　常用的运算符的优先级

运算符	一元+和–	* / %	二元+和–
优先级	高	中	低

这样，在下面的表达式里加法将会最后计算：

5/3+4*6/2

这与数学中的规定相符。

2. 结合方式

仅靠优先级，上面例子里子表达式 4*6/2 的计算方式仍没有确定，因为其中相邻的乘除运算符具有相同优先级。结合方式解决了这类问题，它确定了具有相同优先级的运算符相邻出现时表达式的计算方式。C 语言规定一元算术运算符自右向左结合；二元算术运算符自左向右结合，优先级相同时左边的运算符先计算（参见附录 B）。这样，在上面的例子里就将先计算 4*6，而后再用它们的计算结果去除另一个运算对象 2。

3. 括号

括号能够明确地描述表达式中的计算顺序。如果用括号括起表达式中的某个部分，括号里面的表达式将先行计算，得到的结果再参与括号外面的其他计算。例如，下面表达式里各步骤的计算顺序都已经完全确定了。

– (((2 + 6) * 4) / (3 + 5))

加括号是用于控制计算过程的一种手段。如果直接写出的表达式所产生的计算顺序不符合需要，就可以通过加括号的方式强制程序按所需要的特定计算顺序执行。

4. 运算对象的求值顺序

虽然有了上述规定，计算过程中仍有些事情没有完全确定。如表达式：

(5 + 8) * (6 + 4)

显然，子表达式（5 + 8）和（6 + 4）的计算应先完成，然后才能去做乘法。但两个运算对象（5 + 8）和（6 + 4）中哪个先算呢？这也就是问乘法运算符的两个运算对象（更一般性的问题是各种二元运算符的两个运算对象）的计算顺序问题。C 语言对算术运算符的这一问题没有明确规定。这样，有的 C 语言系统可能先算左边对象，有的 C 语言系统可能先算右边对象，甚至可以有这样的 C 语言系统：有时先算左边的对象，有时先算右边的对象。

应当这样理解 C 语言的规定：在写程序时，不应写那种依赖于特殊计算顺序的表达式，因为我们无法保证它在各种系统里都能算出所希望的结果。虽然在上面例子中，运算对象的求值顺序不会影响结果，但是读者不久就会看到一些对求值顺序敏感的表达式。根据上面的讨论，程序里不应该出现对求值顺序敏感的表达式。

5. 各类数值型数据之间的混合运算

变量的数据类型是可以转换的。转换的方法有两种：一种是自动转换，一种是强制转换。自动转换发生在不同数据类型的量混合运算时，由编译系统自动完成。自动转换遵循以下规则。

（1）若参与运算量的类型不同，则先转换成同一类型，然后进行运算。

（2）转换按数据长度增加的方向进行，以保证精度不降低。如 int 型和 long 型在运算时，先把 int 量转成 long 型后再进行运算。

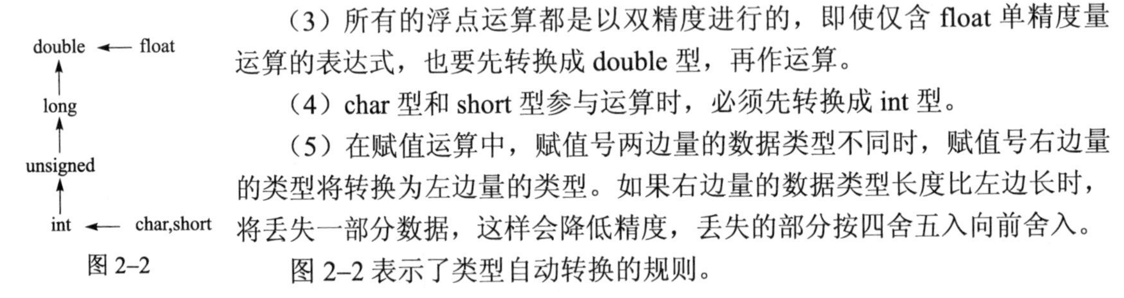

图 2–2

（3）所有的浮点运算都是以双精度进行的，即使仅含 float 单精度量运算的表达式，也要先转换成 double 型，再作运算。

（4）char 型和 short 型参与运算时，必须先转换成 int 型。

（5）在赋值运算中，赋值号两边量的数据类型不同时，赋值号右边量的类型将转换为左边量的类型。如果右边量的数据类型长度比左边长时，将丢失一部分数据，这样会降低精度，丢失的部分按四舍五入向前舍入。

图 2–2 表示了类型自动转换的规则。

2.5.4 自增、自减运算符

自增 1 运算符记为“++”，其功能是使变量的值自增 1。

自减 1 运算符记为“– –”，其功能是使变量值自减 1。

自增 1、自减 1 运算符均为单目运算，都具有右结合性，可有以下几种形式。

++i　　i 自增 1 后再参与其他运算。

– –i　　i 自减 1 后再参与其他运算。

i++　　i 参与运算后，i 的值再自增 1。

i– –　　i 参与运算后，i 的值再自减 1。

在理解和使用上容易出错的是 i++和 i– –。特别是当它们出在较复杂的表达式或语句中时，常常难以弄清，因此应仔细分析。

【例 2.9】

```
main()
{
    int i=8;
    printf("%d\n",++i);
    printf("%d\n",--i);
    printf("%d\n",i++);
    printf("%d\n",i--);
    printf("%d\n",-i++);
    printf("%d\n",-i--);
}
```

程序运行结果是：

```
9
8
8
9
-8
-9
```

i 的初值为 8，第 2 行 i 加 1 后输出故为 9；第 3 行减 1 后输出故为 8；第 4 行输出 i 为 8 之后再加 1（为 9）；第 5 行输出 i 为 9 之后再减 1（为 8）；第 6 行输出–8 之后再加 1（为 9）；第 7 行输出–9 之后再减 1（为 8）。

【例 2.10】

```
main()
{
    int i=5,j=5,p,q;
    p=(i++)+(i++)+(i++);
    q=(++j)+(++j)+(++j);
    printf("%d,%d,%d,%d",p,q,i,j);
}
```

程序运行结果是：

```
15,24,8,8
```

这个程序中，对 p=(i++)+(i++)+(i++)应理解为三个 i 相加，故 p 值为 15。然后 i 再自增 1 三次相当于加 3，故 i 的最后值为 8。而对于 q 的值则不然，q=(++j)+(++j)+(++j)应理解为 q 先自增 1，再参与运算，由于 q 自增 1，3 次后值为 8，3 个 8 相加的和为 24，j 的最后值仍为 8。

2.6 数学函数库及其使用

2.6.1 函数、函数调用

前面程序中多次使用的 printf 就是一个函数。每个函数实现一个计算过程，printf 完成的是内部数据到外部表现形式的转换和输出。C 语言标准库还提供了许多其他函数可供人们在程序里使用。标准库里有一组数学函数，它们可以计算出常用数学函数的函数值。了解了这方面情况后，就能写出更多的程序了。

要使用一个函数，只需要知道：

（1）该函数的名字；

（2）该函数的使用方式；

（3）该函数完成什么计算？能给出什么结果？

完全不必关心这一函数的功能是通过什么样的计算过程实现的。C 语言提供标准库的目的就是为写程序的人提供方便，使人可以方便地使用这些函数。

举例说，标准库提供了一个名为 sin 的函数，其功能是从一个双精度数值出发，把这个值看成弧度，算出与之对应的正弦函数值，得到的结果也是个双精度数值。假设希望计算弧度 2.4 的正弦函数值的两倍，应该写的表达式就是：

```
2.0 * sin(2.4)
```

乘号后面的写法表示要求用函数 sin，送给函数去算的数值是 2.4，而后再用该函数计算得到的结果参与乘法运算，得到最后结果。这个表达式正好表达了所需要的计算。

送给函数的计算对象（或表达式）称为函数的实际参数，简称实参。实际参数是具体函数计算的出发点。函数计算得到的值称为计算结果或函数返回值（简称返回值）。例如，下面表达式里两次使用 sin 函数，分别要求它从不同的实际参数出发做计算，表达式的最终值是这两次函数计算得到的结果的乘积：

```
sin(2.4) * sin(3.98)
```

使用一个函数的专门术语是函数调用，在上面表达式里两次调用了 sin 函数。

在表达式中使用函数的一般形式是：

函数名(实际参数)

函数名(实际参数, 实际参数)

……

函数名之后写括号，括号中写实参表达式。如果一个函数调用需要多个实参，就要用逗号分隔它们。上面给出了一个和两个实参的形式。特定函数通常对所要求的实参个数有明确规定。

这样，如果要计算两个边长分别为 3.5 和 4.72，两边夹角为 37° 的三角形的面积，表达式就可以写为：

```
3.5 * 4.72 * sin(37.0 / 180.0 * 3.1416) / 2.0
```

函数的实际参数可以是表达式（如上面这个例子）。显然，对一个函数调用而言，函数所指定的计算过程只能在作为它实际参数的表达式计算出值之后才能开始。在前面使用 printf

的程序示例中，已经多次用到了比较复杂的实参表达式。

2.6.2　数学函数及其使用

标准库的每个数学函数都规定了参数个数，规定了所要求的实际参数的类型，都规定了返回值类型。标准数学函数大都要求一个或多个 double 参数，其返回值也是 double 类型。例如 sin 函数的情况就是这样，为方便起见，可以把 sin 函数的类型特征表述为：

double sin(double)

用这种方式说明：函数名是 sin，它要求一个双精度参数（用写在括号里的一个 double 表示），返回双精度值（用写在函数名前面的 double 表示）。这种表述方式简洁明了，后面会看到这种表述方式在 C 语言程序里的用途。

标准数学函数主要包括三角函数等，见表 2–7。

表 2–7　三角函数等的函数名表示

三角函数	sin cos tan
反三角函数	asin acos atan
双曲函数	sinh cosh tanh

指数和对数函数见表 2–8。

表 2–8　指数和对数函数的函数名表示

以 e 为底的指数函数	exp
自然对数函数	Log
以 10 为底的对数函数	log10

其他函数见表 2–9。

表 2–9　其他函数的函数名表示

平　方　根	sqrt
绝对值	fabs
乘幂，第一个参数作为底，第二个是指数	double pow(double, double)
实数的余数，两个参数分别是被除数和除数	double fmod(double, double)

上面所有没给出类型特征的函数都要求一个参数，其参数与返回值都是 double 类型。最后两个函数要求两个 double 参数，返回 double 类型的值。pow 是求乘幂的函数，其第一个参数是底，第二个是指数。表达式为：

```
pow(2.5, 3.4)
```

将计算出 $2.5^{3.4}$。当底为负数时，pow 要求指数参数必须是整数。fmod 求实数除法的余数（近似值），它的两个参数分别是被除数和除数。表达式为：

```
fmod(235.74, 3.14159265)
```

将求出 235.74 除以 3.14159265 的余数，余数的符号总与被除数相同。

如果程序里要用标准库里的数学函数，程序最前面要另写一行：

```
#include <math.h>
```

【例 2.11】编写程序，求两边长度分别为 3.5 m 和 4.72 m，两边夹角为 37° 的三角形的面积。

根据前面的经验及函数调用的写法，这个程序可以写为：

```
#include <stdio.h>
#include <math.h>
main()
{
  printf("Area of the triangle: %fm^2\n",3.5*4.72*sin(37.0/180*3.1416)/2);
}
```

注意：C 语言标准库的所有函数都采用完全由小写字母拼写的名字，数学函数也不例外，写函数名时必须注意。

有了数学函数之后，写程序的能力将得到很大提高。对所有能通过这些基本数学函数的复合与算术运算共同描述的计算过程，都能够写出相应的程序，算出所需要的结果。至少说，现在有了相当于普通科学计算器的编程能力。由于在程序里可以写任意长的、具有任意层次嵌套结构的表达式，因此已经能够解决许多实际需要的计算问题了。本章习题中的程序可以采用这种模式写出来。

2.6.3 函数调用中的类型转换

函数对参数有明确的类型要求，当实参表达式的计算结果类型与函数要求不符时，又出现了类型问题。C 语言规定，在出现这种情况时，先把实参求出的值自动转换为函数所要求类型的值，然后再送给函数去计算。例如，在下面表达式的计算中，会出现两次自动类型转换。在两次调用 sin 时，整型参数值都将先转换到 double 值后才送给 sin：

sin(2) * sin(4)

假设有另一个函数 f，其类型特征为 int f(int)，在下面表达式里调用 f 时，实参算出的值将从 double 类型（表达式计算结果的类型）转换到 int 类型（f 所要求的实参类型），然后提供给函数使用：

4 * f(3.56 * 2.7)

【例 2.12】计算 $\sum_{n=1}^{5}\sin\frac{1}{n}$。

初学者可能很容易就写出了下面程序：

```
#include <stdio.h>
#include <math.h>
main()
{
    printf("%f\n",sin(1)+sin(1/2)+sin(1/3)+sin(1/4)+sin(1/5));
}
```

此后发现这个程序可以正常通过编译，但执行时却得不到正确结果，也就是说，这个程序有错误。为什么呢？如果读者在仔细读了这个程序之后还没有发现问题，那就应当复习一下本章里对数据类型有关问题的介绍了。

【例 2.13】已知三角形三边的长度分别是 3 cm、5 cm、7 cm，求该三角形的面积。

首先找出已知三边求三角形面积的公式：$\text{area} = \sqrt{(s-a)(s-b)(s-c)}$，其中 a、b、c 分别是三角形三边长，而 $s=\frac{1}{2}(a+b+c)$。根据这个公式，就可以写出下面程序：

```
#include <stdio.h>
#include <math.h>
main()
{
    float a,b,c,s,area;
    a=3,b=5,c=7;
    s=(a+b+c)/2;
    area=sqrt((s-a)*(s-b)*(s-c));
    printf("area=%f\n", area);
}
```

程序的运行结果是：

```
    area=2.371708
```

由于自动类型转换，这个程序能够得到正确的结果。读者自己分析一下，在这个程序的执行过程中，在哪些地方发生了类型转换？各是从什么类型转换到什么类型？

习　　题

一、选择题

1. 以下不正确的 C 语言标识符是（　　）。

A. ABC　　B. abc　　C. a_bc　　D. ab.c

2. 以下正确的 C 语言标识符是（　　）。

A. %k　　B. a+b　　C. a123　　D. test!

3. 一个 C 程序的执行是从（　　）。

A. main( ) 函数开始，直到 main( ) 函数结束

B. 第一个函数开始，直到最后一个函数结束

C. 第一个语句开始，直到最后一个语句结束

D. main( ) 函数开始，直到最后一个函数结束

4. 在 C 程序中，main 函数的位置（　　）。

A. 必须作为第一个函数　　B. 必须作为最后一个函数

C. 可以任意　　D. 必须放在它所调用的函数之后

5 . C 语言源程序的基本单位是（　　）。

A. 过程　　B. 函数　　C. 子程序　　D. 标识符

6. 以下结果为整数的表达式（设有 int i;char c;float f; ）是（　　）。

A. i+f　　B. i*c　　C. c+f　　D. i+c+f

7. 以下不正确的语句（设有 int p,q ;）是（　　）。

A . p*=3;　　B. p/=q;　　C. p+=3;　　D. p&&=q

8. 以下使 i 的值为 4 的语句是（　　）。

A. int i=0,j=0;
(i=3,(j++)+i);

B. int i=1,j=0;
j=i=((i=3) *2);

C. int i=0,j=1;
(j==1)? (i=1): (i=3);

D. int i=1,j=1;
i+=j+=2;

9. 设 char ch; 以下正确的赋值语句是（　　）。

A. ch=A　　B. ch="A";　　C. ch='A';　　D. ch='65';

10. 设 int n=10,i=4; 则赋值运算 n%=i+1 执行后,n 的值是（　　）。

A. 0　　B. 3　　C. 2　　D. 1

11. 逗号表达式 (a=3*5,a*4),a+15 的值为（　　），a 的值是（　　）。

① A. 15　　B. 60　　C. 30　　D. 不确定

② A. 60　　B. 30　　C. 15　　D. 90

12. 如果 a=1、b=2、c=3、d=4, 则条件表达式 a<b?a:c<d?c:d 的值为（　　）。

A. 1　　B. 2　　C. 3　　D. 4

13. 设 int n=3; 则 ++n 的结果是（　　）。

A. 2　　B. 3　　C. 4　　D. 5

14. 设 int n=2; 则 ++n+1==4 的结果是（　　），n 的结果是（　　）。

① A. true　　B. false　　C. 1　　D. 0

② A. 1　　B. 2　　C. 3　　D. 4 。

15. 设 int a=2,b=2; 则 a+++b 的结果是（　　），a 的结果是（　　），b 的结果是（　　）。

① A. 2　　B. 3　　C. 4　　D. 5

② A. 2　　B. 3　　C. 4　　D. 5

③ A. 2　　B. 3　　C. 4　　D. 5

16. 表达式 (1,2,3,4) 的结果是（　　）。

A. 1　　B. 2　　C. 3　　D. 4

17. 设 int a=04,b; 则执行 b=a<<1; 语句后，b 的结果是（　　）。

A. 4　　B. 04　　C. 8　　D. 10

18. sizeof(double) 是一个（　　）表达式。

A. 整型　　B. 双精度　　C. 不合法　　D. 函数调用

19. 在 C 语言中，不同类型数据混合运算时，要先转换成同一类型后再进行运算。设一表达式中包含有 int、long、unsigned 和 char 类型的变量和数据，则表达式最后的运算结果是（　）类型的数据。这 4 种类型数据的转换规律是（　　）。

① A. int　　B. char　　C. unsigned　　D. long

② A. int>unsigned>long>char　　B. char>int>long>unsigned

C. charint>unsigned>long　　D. char>unsigned>long>int

二、填空题

1. 一个 C 程序有且仅有一个 ________ 函数。
2. 一个 C 源程序有 ________ 个 main( )函数和 ________ 个其他函数。
3. 结构化程序设计的 3 种基本结构是 ________ 。
4. C 程序的执行是从 ________ 开始的。
5. C 语言源程序的语句分隔符是 ________ 。
6. C 程序开发的 4 个步骤是 ________ 。
7. 表达式 10/3 的结果是 ________ 。
8. 表达式 10%3 的结果是 ________ 。
9. 定义 int x,y; 执行 y=(x=1,++x,x+2); 语句后，y 的值是 ________ 。
10. 设 int x=9,y=8; 表达式 x=y+1 的结果是 ________ 。
11. 设 int x=10,y,z; 执行 y=z=x;x=y=z 后，变量 x 的结果是 ________ 。
12. 设 int a=1,b=2,c=3,d; 执行 d=!(a+b+c); 后，d 的值是 ________ 。
13. 设 int x; 当 x 的值分别为 1、2、3、4 时，表达式 (x&1==1)?1:0 的值分别是 ________，________，________，________。

三、求出下列算术表达式的值

1. 设 a=7，x=2.5，y=5.7

   x+a%2* (int)(x+y)%2/4

2. 设 a=2，b=3，x=35，y=4.5

   (float)(a+b)/2+(int)x%(int)y

3. 设 a=8，n=5

   a+=5

   a*=a+3

   a/=a+1

   a%=(n%=2)

   a+=a-=a*=a

四、写出程序运行的结果

```
main()
{
   int i,j,m,n,k,l;
   i=6;
   j=9;
   m=++i;
   n=j++;
   k=i--;
   l=--j;
   printf("%d,%d,%d,%d",i,j,m,n);
}
```

第 3 章　顺序结构和输入/输出的实现

章前导读

你喝一杯水，一般是这样的：

（1）往杯里倒满开水；

（2）等开水冷却；

（3）往嘴里倒。

从这个生活的例子中，你可以想到，完成事情总是要有顺序的，并且执行顺序往往还很讲究。比如喝水的例子，如果你把第 2 步和第 3 步对调，结局可能会很难受；而如果你想把第 1 步放到最后去执行，大概你将永远也喝不了水了。

程序是用来解决现实生活的问题的，所以流程在程序中同样重要。当我们写下一行行代码后，这些代码必须按照一定次序被执行，这就是程序的流程结构。

从程序流程的角度来看，程序可以分为 3 种基本结构，即顺序结构、选择结构、循环结构。这 3 种基本结构可以组成所有的复杂程序。C 语言提供了多种语句来实现这些程序结构。本章主要介绍这些基本语句及其在顺序结构中的应用，使读者对 C 程序有一个初步的认识，为后面各章的学习打下基础。

3.1　C 语句概述

C 程序的结构如图 3–1 所示。

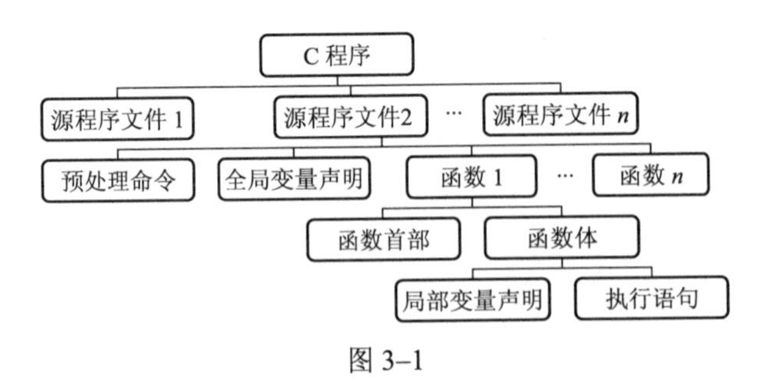

图 3–1

C 程序的执行部分是由语句组成的，程序的功能也是由执行语句实现的。

C 语句可分为 5 类：表达式语句、函数调用语句、控制语句、复合语句、空语句。

1. 表达式语句

表达式语句由表达式加上分号“;”组成。

其一般形式为：

表达式;

执行表达式语句就是计算表达式的值。

例如：

x=y+z;　赋值语句;

y+z;　加法运算语句，但计算结果不能保留，无实际意义;

i++;　自增1语句，i值增1。

2. 函数调用语句

函数调用语句由函数名、实际参数加上分号“;”组成。

其一般形式为：

函数名（实际参数表）;

执行函数语句就是调用函数体并把实际参数赋予函数定义中的形式参数，然后执行被调函数体中的语句，求取函数值（在后面函数中再详细介绍）。

例如：

printf("C Program");

表示调用库函数，输出字符串。

3. 控制语句

控制语句用于控制程序的流程， 以实现程序的各种结构方式。它们由特定的语句定义符组成。C语言有9种控制语句，可分成以下3类。

（1）条件判断语句：if语句、switch语句。

（2）循环执行语句：do while语句、while语句、for语句。

（3）转向语句：break语句、goto语句、continue语句、return语句。

4. 复合语句

把多个语句用括号{}括起来组成的一个语句称为复合语句。

在程序中应把复合语句看成是单条语句，而不是多条语句。

例如：

```
{
    x=y+z;
    a=b+c;
    printf("%d%d", x, a);
}
```

是一条复合语句。复合语句内的各条语句都必须以分号“;”结尾，在括号“}”外不能加分号。

5. 空语句

只有分号“;”的语句称为空语句。空语句是什么也不执行的语句。在程序中空语句可用来作空循环体。

例如：

```
while(getchar()!='\n')
    ;
```

本语句的功能是，只要从键盘输入的字符不是回车则重新输入。这里的循环体为空语句。

3.2 赋值语句

赋值语句是由赋值表达式再加上分号构成的表达式语句。

其一般形式为：

变量=表达式;

赋值语句的功能和特点都与赋值表达式相同。它是程序中使用最多的语句之一。

在赋值语句的使用中需要注意以下几点。

（1）由于在赋值符“=”右边的表达式也可以是一个赋值表达式，因此下述形式：

变量=(变量=表达式);

是成立的，从而形成嵌套的情形。其展开之后的一般形式为：

变量=变量=…=表达式;

例如：

```
a=b=c=d=e=5;
```

按照赋值运算符的右结合性，实际上等效于：

```
e=5;
d=e;
c=d;
b=c;
a=b;
```

（2）注意在变量说明中给变量赋初值和赋值语句的区别。

给变量赋初值是变量说明的一部分，赋初值后的变量与其后的其他同类变量之间仍必须用逗号间隔，而赋值语句则必须用分号结尾。

例如：

```
int a=5,b,c;
```

（3）在变量说明中，不允许连续给多个变量赋初值。如下述说明是错误的：

```
int a=b=c=5;
```

必须写为：

```
int a=5,b=5,c=5;
```

而赋值语句允许连续赋值。

（4）注意赋值表达式和赋值语句的区别。

赋值表达式是一种表达式，它可以出现在任何允许表达式出现的地方，而赋值语句则不能。

下述语句是合法的：

```
if((x=y+5)>0) z=x;
```

语句的功能是，若表达式 x=y+5 大于 0，则 z=x。

下述语句是非法的：

```
if((x=y+5;)>0) z=x;
```

因为 x=y+5;是语句，不能出现在表达式中。

3.3 数据输入/输出的概念及在 C 语言中的实现

所谓“输入/输出”是以计算机为主体而言的。从计算机向外部输出设备（如显示器、打印机、磁盘等）输出数据称为“输出”，从输入设备（如键盘、磁盘、光盘、扫描仪等）向计算机输入数据称为“输入”。

在 C 语言中，所有数据的输入/输出都是由库函数完成的。在 C 标准库中提供了一些输入/输出函数，例如 printf 函数和 scanf 函数。在这里一定不能误认为它们是 C 语言的输入/输出语句。printf 和 scanf 不是 C 语言的关键字，而只是函数的名字。实际上完全可以不用 printf 和 scanf 这两个名字，而用其他函数名。C 语言提供的函数以函数库的形式存放在系统中，它们不是 C 语言文本的组成部分。

由于 C 语言编译系统和函数库是分别进行设计的，因此不同的计算机系统所提供的函数的数量、名字和功能不是完全相同的。不过有些通用的函数是各个系统都提供的，称为 C 语言系统的标准函数。如标准输入/输出函数，包括 printf（格式输出）、scanf（格式输入）、putchar（字符输出）、getchar（字符输入）、puts（字符串输出）、gets（字符串输入）等，可以完成常用的输入输出操作。

在使用 C 语言库函数时，要用预编译命令“#include”将有关“头文件”包括到源文件中去。在头文件中包含了与用到的函数有关的信息。使用标准输入/输出库函数时要用到“stdio.h”文件。文件扩展名“h”是 head 的缩写，#include 命令都是放在文件的开头，因此这类文件被称为“头文件”。在调用 printf 函数和 scanf 函数等标准输入输出函数时，源文件开头应有以下预编译命令：

```
#include <stdio.h>
```

或

```
#include "stdio.h"
```

其中 stdio 是 standard input & output 的意思。考虑到 printf 和 scanf 函数使用频繁，系统允许在使用这两个函数时可不加#include 命令。

3.4 字符输入与输出

3.4.1 putchar 函数（字符输出函数）

putchar 函数是字符输出函数，其功能是在显示器上输出单个字符。其一般形式为：

putchar(字符变量)

例如：

```
putchar('A');      （输出大写字母 A）
putchar(x);        （输出字符变量 x 的值）
```

putchar('\101'); （也是输出字符 A）

putchar('\n'); （换行）

对控制字符则执行控制功能，不在屏幕上显示。

使用本函数前必须要用文件包含命令：

```
#include<stdio.h>
```

或

```
#include"stdio.h"
```

【例 3.1】 输出单个字符。

```
#include <stdio.h>
main()
{
    char a='B',b='o',c='k';
    putchar(a);putchar(b);putchar(b);putchar(c);putchar('\t');
    putchar(a);putchar(b);
    putchar('\n');
    putchar(b);putchar(c);
}
```

本程序的输出结果是：

```
Book    Bo
ok
```

3.4.2 getchar 函数（字符输入函数）

getchar 函数的功能是从键盘上输入一个字符。其一般形式为：

getchar();

通常把输入的字符赋予一个字符变量，构成赋值语句，如：

```
char c;
c=getchar();
```

【例 3.2】 输入单个字符。

```
#include<stdio.h>
main()
{
    char c;
    c=getchar();
    putchar(c);
}
```

在运行本程序时，如果用键盘输入字符‘a’并按回车键，就会在屏幕上看到输出的字符‘a’。

a （输入'a'并按回车键，字符才送到内存）

a （输出变量 c 的值'a'）

使用 getchar 函数还应注意几个问题。

（1）getchar 函数只能接受单个字符，输入数字也按字符处理。输入多于一个字符时，只接收第一个字符。

（2）使用本函数前必须包含文件“stdio.h”。

（3）程序最后两行可用下面两行的任意一行代替：

```
putchar(getchar());
printf("%c",getchar());
```

3.5 格式输入与输出

3.5.1 输出格式控制

人们把 printf 看做格式化输出函数的代表，在这里将以它为例，讨论标准库格式化输出函数的格式描述问题。其他格式化输出函数（如 fprintf 等）在格式描述方面的情况与 printf 完全相同。printf 的原型是：

int printf(const char *format,…)

可以看到参数表最后的 3 个圆点，这是 C 语言函数参数的一种特殊描述方式，它表示这个函数除了所列出的参数 format 外，还可以有任意多个其他参数。

对于以上述方式定义的函数，有一点应特别注意：对于函数原型里由…代表的那些实参，编译程序不能做任何类型检查，也不会根据情况确定所需的类型转换。正因为这样，本书前面一直强调 scanf、printf 的实参必须写正确，应是什么类型就必须写什么类型。如果实参的类型不合适，编译系统不会发现、不会转换、更不会产生错误信息。而在程序执行中，即使输出时不出现动态运行错误，由实参取得的值也不会是正确的。

printf 根据格式控制字符串 format 完成输出转换，把生成的输出字符序列送到标准设备输出。操作出错时函数返回负值；没出错时返回本调用执行中输出的总字符数。它是一个参数个数可变化的函数。如果所提供的实参类型与格式控制字符串中所要求的类型转换不符，就无法保证经过输出转换得到的是所需要的结果。

因此 printf 函数调用的一般形式为：

printf(“格式控制字符串”，输出表列)

其中格式控制字符串用于指定输出格式。格式控制字符串可由格式字符串和非格式字符串两种字符串组成。格式字符串是以%开头的字符串，在%后面跟有各种格式字符，以说明输出数据的类型、形式、长度、小数位数等。

格式字符串总以%开始，到一个格式字符为止（所有格式字符见表 3–1），两者之间可以顺序地有下面几种成分（几个字符，也可以没有）。

（1）标志字符。表 3–1 中几个字符可以按任意顺序出现，可以有一个或者多个。

表 3–1 标志字符及其作用

字符	作 用
–	将转换结果在字段范围内由最左端开始输出（居左输出）
+	在数值的前面总输出一个正号或负号
空格	如果转换后产生的第一个字符不是正负号，就首先输出一个空格
0	用于数值输出。如果输出不能填满整个字段，那么在有效输出之前填满 0
#	指定另一种规定形式。对格式字符 o，数值之前总加 0；对格式字符 x 和 X，非 0 结果之前总加 0x 或 0X；对于格式字符 e、E、f、g、G，输出中总包含小数点；对于 g 和 G，不去掉最后的那些 0

（2）一个十进制整数。表示本输出字段的最小宽度，要求转换结果至少占这么多个字符的宽度，如果需要可以更宽。如果得到的输出序列不够宽，在其左边（或者右边，如果要求左对齐的话）填满空格。对于数值输出，当有 0 标志时在数字序列的左边填满 0。

（3）一个圆点及另一个表示精度的十进制整数。对于字符串参数，这个数表示应输出的最大字符个数；对 e、E、f 表示小数点之后的数字位数；对 g、G 表示有效数字位数；对于整数，表示要求输出的最小数字个数，如果数字个数不够就在左边添 0。

（4）目标长度修饰字符 h、l 或者 L。字符 h 和 l 用于整型参数。h 说明相应的参数是 short 或者 unsigned short 类型；l 说明对应参数是 long 或者 unsigned long 类型；字符 L 用于说明对应参数为长双精度类型。对于上述这些情况，转换描述中都必须用长度修饰字符指明对应参数的表示长度（类型特征）。

表 3–2 给出了对各格式字符的详细说明，包括它们所要求的参数类型和实际输出形式。如果将其他字符写在%的后面，程序的行为没有定义。

表 3–2 各格式字符的详细说明

格式字符	实际输出形式	要求的参数
d,i	带符号的十进制整数	int
o	无符号八进制整数，没有先导的 0	int
x,X	无符号十六进制整数，没有先导的 0x 或 0X。在用转换字符 x 时，10 和 10 以上数字用 abcdef 表示；用 X 时这些数字用 ABCDEF 表示	int
u	无符号十进制整数	int
c	输出一个字符，将参数转换为 unsigned char 输出	int
s	输出一个字符序列，从参数所指位置开始直到遇到字符'\0'，或者达到字段的指定宽度为止	char*
f	一般实数形式，形式为[–]mmm.ddd，其中小数点后面的数字位数由精度描述确定，默认值是 6。精度为 0 时不输出小数点	double
e,E	科学计数形式，形式为[–]m.ddde±xx 或[–]m.dddE±xx，其中小数点后面的位数由精度描述确定，默认为 6 位。精度为 0 时不输出小数点	double

续表

格式字符	实际输出形式	要求的参数
g,G	灵活形式。当指数小于–4 或大于等于精度描述时用%e 或%E 的形式输出，否则用%f 的形式输出。末尾的 0 或小数点不输出	double
p	输出指针的值，采用某种由具体实现确定的形式	void*
n	把这次函数执行到这里已经输出的字符个数写到参数中。处理这个“格式字符”时不产生输出	int*
%	输出字符%，不做任何转换	—

通过在输出语句的格式串里使用各种格式字符串形式，可以形成所需要的各种输出形式。下面是几个格式字符串的实例，读者可根据表 3–2 弄清楚它们的意义。

%16.8lf　　%–10.6f　　%20.12e　　%010ld%.7s

%16.8g　　%#10o　　%+012d　　%+#f%

此外，在格式字符串里，可以在表示字段的宽度和精度的位置上写星号，这时实际的字段宽度和精度将由对应的参数得到。这种机制使人们可以比较容易地在程序里控制输出格式。如果输出函数的格式控制字符串里用到了包含星号的格式字符串，函数 printf 执行时遇到这个格式字符串就要用掉对应的实际参数。例如：

```
printf("%s %*.*f\n", "Result:", len, prec, val);
printf("%s %*d\n", "Number:", width, num);
```

这里的第一个输出语句首先输出字符串“Result:”，然后按最小字段宽度 len 和精度 prec 输出变量 val 的值（假定其中 val 是一个双精度变量，len 和 prec 是两个整型变量，它们都已经有了合适的值）。第二个输出语句输出 num 的值（假定 num 是个有定义的整型变量），这个整数输出的字段宽度由（整型变量）width 的值确定。

【例 3.3】 printf 函数的使用。

```
main()
{
    int a=15;
    float b=123.1234567;
    double c=12345678.1234567;
    char d='p';
    printf("a=%d,%5d,%o,%x\n",a,a,a,a);
    printf("b=%f,%lf,%5.4lf,%e\n",b,b,b,b);
    printf("c=%lf,%f,%8.4lf\n",c,c,c);
    printf("d=%c,%8c\n",d,d);
 }
```

程序的输出结果是：

```
a=15,   15,17,f
b=123.123459,123.123459,123.1235,1.231235e+002
```

```
c=12345678.123457,12345678.123457,12345678.1235
d=p,       p
```

本例第 7 行中以 4 种格式输出整型变量 a 的值，其中“%5d”要求输出宽度为 5，而 a 值为 15，只有两位，故补 3 个空格。第 8 行中以 4 种格式输出实型量 b 的值，其中“%f”和“%lf ”格式的输出相同，说明“l”符对“f”类型无影响，“%5.4lf”指定输出宽度为 5，精度为 4，由于实际长度超过 5 故应该按实际位数输出，小数位数超过 4 位部分被截去。第 9 行输出双精度实数，“%8.4lf”由于指定精度为 4 位故截去了超过 4 位的部分。第 10 行输出字符量 d，其中“%8c”指定输出宽度为 8 故在输出字符 p 之前补加 7 个空格。

在前面编写的一些程序中，我们没有过多介绍输出的字段宽度控制和数值的输出精度控制等问题，此外还有左右对齐问题等。之所以没有讨论这些问题，是因为这些东西很琐碎，而且（与其他重要问题相比）它们只是不太重要的细节，在初学程序设计时不必过分在意。当然，就实际应用系统而言，输出格式也是程序质量的一部分，但对程序练习而言就是不太重要的细节了。

3.5.2 输入格式控制

scanf 是前面程序中反复使用的标准库函数。这里将以它为例，详细介绍标准库格式化输入函数的格式控制问题，其他各种格式化输入函数（如文件输入函数 fscanf 等）在格式描述方面的规定都与 scanf 完全一样。

函数 scanf 的原型如下：

int scanf(const char*format, …)

可以看到 scanf 也是一个实参数目可变的函数，它应该有一个字符串形式的格式控制字符串，而后可以根据需要有任意多个其他参数。

在输入处理过程中，scanf 把程序运行时输入的信息看成由空白字符（空格、制表符、换行符等）分隔的一个个字段，其读入过程就是顺序地处理这些字段的过程。格式控制字符串参数 format 描述了程序所要求的转换方式，它控制着 scanf 的读入过程。scanf 把转换成功时得到的值赋给相应变量，这些变量的地址由写在格式串后面的参数指定。scanf 一直执行到处理完整个格式控制字符串或是遇到转换失败，一般情况下它返回成功完成转换的项数。

所以 scanf 函数调用的一般形式为：

scanf(“格式控制字符串”，地址表列)

其中，格式控制字符串的作用与 printf 函数相同，但不能显示非格式字符串，也就是不能显示提示字符串。地址表列中给出各变量的地址，地址是由地址运算符“&”后跟变量名组成的。

在 scanf 的格式控制字符串 format 里可以有各种字符，其意义与作用见表 3–3。

表 3–3 format 中各种字符的作用

字符	意 义 与 作 用
空白字符	包括空格、制表符、换行符。它们将被忽略，但也会导致 scanf 抛弃掉输入中遇到的所有空白字符，直至遇到非空白字符
普通字符	遇到除字符%外的非空白字符，scanf 将它与输入中的下一非空白字符匹配，字符相同则匹配成功。这里有可能出现匹配失败的情况

续表

字符	意 义 与 作 用
格式字符串	格式字符串由字符%开始的若干个字符组成。%字符之后可以有：一个星号，表示只进行匹配和转换，不向参数赋值；一个字段长度描述，表示这个转换应处理的输入字符个数；一个对赋值目标的长度指示字符（字母 h、l 或 L）；最后是格式字符本身。各种格式字符的意义见表 3 4

一个格式字符串说明了输入的下一字段的输入方式。如果输入能顺利完成，scanf 就把输入的结果赋给对应参数所指定的变量（在格式字符串中无星号时）。如果有关格式字符串中包含了字段长度，scanf 就会把输入中指定数目的字符作为当前字段。如果在格式字符前面有星号（如 “%*s”、“%*d”等），那么 scanf 就把与这一格式字符串相匹配的字段直接丢掉，不做赋值。

表 3–4 列出了各个格式字符的意义，也包括了它们所要求的实际输入以及对应的参数所应该具有的类型。

表 3–4　scanf 中各个格式字符的意义

格式字符	要求的输入数据形式	要求的参数
d	十进制形式的整数	int*
i	整数，可以是十进制表示（起始数字非 0），八进制表示（由数字 0 开始），或者十六进制表示（由 0x 或 0X 开始）	int*
o	八进制表示的整数，可以有或者没有先导的数字字符 0	int*
u	无符号十进制整数	unsigned*
x	十六进制表示的整数，可以有或者没有先导的 0x 或 0X	int*
c	字符。若指定输入宽度，这个转换可以将多个字符输入到字符数组里。读字符的过程中不跳过空白字符	char*
s	读入一个非空白字符序列，可以有长度限制。读入后在字符数组的最后加空字符'\0'（做成字符串）。作为参数的字符数组应当足够存放读入的所有字符和结尾的'\0'	char*
e,f,g	符合 C 语言规定形式的浮点数	float*
p	指针值，其形式与用 printf("%p",…) 的输出形式一样，这使人可以把通过 printf 输出的指针值重新读回程序里	void*
n	向对应参数中写入本次函数调用执行到此已经读的字符个数。处理这一“格式字符”时不读入字符，也不计入转换的项数	int*
%	与输入的字符%匹配，没有赋值操作	—

在格式字符 d、i、o、u、x 之前可以加一个字符说明赋值目标长度，加 h 表示被赋值的是 short 变量；加 l 表示被赋值的是 long 变量。格式字符 e、f、g 前也可以加字符说明，加 l 表示被赋值的是 double 变量，加 L 表示被赋值的是 long double 变量。这些字符要求函数 scanf 按照指定的类型去构造值并完成赋值。

假设有函数调用 scanf("…%ld… ", …, &ii, …)，当函数处理到格式字符串%ld 时，scanf

的处理动作是（上面的…表示省略了某些东西）：

（1）由于%ld 要求的输入是十进制数字序列，scanf 将跳过在输入中遇到的所有空白字符（可以有多个，也可以没有），从遇到的第一个非空白字符开始做实际匹配和转换。

（2）如果遇到的第一个非空白字符不能看作数的开始（不是字符 0～9，也不是正负号），匹配失败，scanf 返回至此前已成功完成的输入项数，输入指示器停在这个未能成功匹配的字符处，该字符也留给随后的输入使用。

（3）如果遇到的第一个非空白字符可看作数的开始，scanf 就逐个读入字符，直至遇到第一个不能是数的部分的字符为止。读入的这些字符（可能包含正负号及一个数字字符序列）根据%ld 的要求做成一个长整数的内部形式，然后赋给指定变量 i。

在 scanf 的执行过程中，如果格式控制字符串 format 用完，或者遇到实际读入数据与 format 描述不匹配而无法进行转换的情况，或者在执行中出现错误，本次 scanf 的执行结束。

如果在没完成任何转换之前出错，或没完成任何转换前遇到文件结束，函数返回 EOF 值；在其他情况下都返回正确完成转换及赋值的数据项数（一个非负整数值），返回值 0 表示在第一个输入时匹配失败。应当特别注意，当 scanf 转换匹配失败时，导致失败的输入字符仍留在输入里，下一次调用输入函数时将首先读到这个字符，这种情况有时会导致一些人们不希望的后果发生。

下面来看几个简单的格式输入例子。

【例 3.4】

```
main()
{
    int a,b,c;
    printf("input a,b,c\n");
    scanf("%d%d%d",&a,&b,&c);
    printf("a=%d,b=%d,c=%d",a,b,c);
}
```

在例 3.2 中，由于 scanf 函数本身不能显示提示信息，故先用 printf 语句在屏幕上输出提示，请用户输入 a、b、c 的值。执行 scanf 语句，等待用户输入。用户输入 7　8　9 后按回车键。在 scanf 语句的格式串中由于没有非格式字符在“%d%d%d”之间作输入时的间隔，因此在输入时要用一个以上的空格或回车键作为每两个输入数之间的间隔。如：

```
    7 8 9
```

或

```
    7
    8
    9
```

【例 3.5】

```
main()
{
    char a,b;
```

```
    printf("input character a,b\n");
    scanf("%c%c",&a,&b);
    printf("%c%c\n",a,b);
}
```

由于 scanf 函数"%c%c"中没有空格，输入“M　N”，结果输出只有“M”。而输入改为“MN”时则可输出“MN”两字符。

【例 3.6】

```
main()
{
    char a,b;
    printf("input character a,b\n");
    scanf("%c %c",&a,&b);
    printf("\n%c%c\n",a,b);
}
```

本例表示 scanf 格式控制串"%c %c"之间有空格时，输入的数据之间可以有空格间隔。

使用 scanf 函数还必须注意以下几点。

（1）scanf 函数中没有精度控制，如 scanf("%5.2f",&a);是非法的，不能企图用此语句输入小数为两位的实数。

（2）scanf 中要求给出变量地址，如给出变量名则会出错。如 scanf("%d",a);是非法的，应改为 scnaf("%d",&a)。

（3）在输入多个数值数据时，若格式控制串中没有非格式字符作输入数据之间的间隔，则可用空格、TAB 或回车作间隔。C 语言编译在碰到空格、TAB、回车或非法数据（如对“%d”输入“12A”时，A 即为非法数据）时，即认为该数据结束。

（4）在输入字符数据时，若格式控制串中无非格式字符，则认为所有输入的字符均为有效字符，如例 3.3。

（5）如果格式控制串中有非格式字符则输入时也要输入该非格式字符。

例如：

```
scanf("%d,%d,%d",&a,&b,&c);
```

其中用非格式符“,”作间隔符，故输入时应为：

```
5,6,7
```

又如：

```
scanf("a=%d,b=%d,c=%d",&a,&b,&c);
```

则输入应为：

```
a=5,b=6,c=7
```

（6）当输入的数据与输出的类型不一致时，虽然编译能够通过，但结果将不正确。

从上面这些讨论可以看出，写好输入不是一件简单的事情。这里的原因也很明显，输入操作描述程序与外部打交道的动作，以便程序根据外部提供的信息决定内部的工作方式。而在程序执行时，外部的情况完全不受写程序的人的控制。所以，要写好处理输入的程序片段，实际上需要考虑各种可能的外部情况，并适当地处理（这里很难说“正确”，只能说“适当”）。

当外部提供的实际输入不满足程序要求时，应该设法给外部提供一些信息。

3.6 顺序结构程序举例

笔直的长安街，东西走向，长达 40 km。

顺序流程就像一条笔直的，没有分叉的路，程序执行完第一行，然后第二行、第三行……我们这一节课用两个例子来熟悉什么叫顺序结构程序设计。

电脑学名叫计算机（computer)。现在，既然学编程了，是该亲手出道题让计算机算算了。

如下是一道很简单的加法题。

【例 3.7】 加法计算器的实现：由键盘输入两个数，输出它们的和。

先将源程序写下来：

```
main()
{
    int js1,js2;                              /*加数 1，加数 2          */
    int he;                                   /*和                      */
    printf("Please Input First Number: ");    /*打印信息：请输入加数一  */
    scanf("%d",&js1);                         /*从键盘输入数据，存入变量js1*/
    printf("Please Input Second Number: ");
    scanf("%d",&js2);
    he=js1+js2;                               /*两个数相加，和存入变量 he */
    printf("%d+%d=%d\n",js1,js2,he);          /*打印输出结果            */
}
```

这段代码从功能上分，可以分为 4 个部分。

```
    int js1,js2;                              /*加数 1，加数 2          */
    int he;                                   /*和                      */
```

这是第一部分，两行代码定义了 3 个变量：加数 1、加数 2 及和。至于/*……*/内的代码那是注释，也就是写给程序员自己看的“程序说明”，对编译和运行不起作用。C 语言规定注释可以加在程序的任何位置。

第二部分为输入部分，用来输入。

```
    printf("Please Input First Number: "); /*打印信息：请输入加数 1      */
    scanf("%d",&js1);                      /*从键盘输入数据，存入变量js1*/
    printf("Please Input Second Number: ");
    scanf("%d",&js2);
```

printf 输出一行提示，告诉用户（现在就是我们自己）这一步该做什么。而 scanf 则将用户的输入存到变量中，如：

```
    scanf("%d",&js1);
```

这一行执行后，会等待用户输入一个数，直到用户按回车键后（别忘了，按回车键结束输入)，用户输入的数值会被自动赋值给变量 js1。

第三部分为计算部分，用来计算。

```
he=js1+js2;                          /*两个数相加，和存入变量 he   */
```

它实现将 js1 和 js2 相加并赋值给 he 的功能。

最后一部分实现输出。

```
printf("%d+%d=%d\n",js1,js2,he);  /*打印输出结果                   */
```

也可以只写成这样：

```
printf("%d\n",he);
```

这样写也把计算结果输出了，但可能会被说成“用户界面不友好”。

看看程序运行时的某种结果：

```
Please Input First Number:2008
Please Input Second Number:1999
2008+1999=4007
```

虽然是个很不起眼的小程序，虽然只是一道小学低年级的算术题，可是毕竟从中发现了程序的 4 个基本部分：声明变量、输入数据、数据计算、输出结果。

再来看第二个例子。

【例 3.8】 求 $ax^2+bx+c=0$ 方程的根，a、b、c 由键盘输入，设 $b^2-4ac>0$。

求根公式为：

$$x_1=\frac{-b+\sqrt{b^2-4ac}}{2a}，\quad x_2=\frac{-b-\sqrt{b^2-4ac}}{2a}$$

令 $p=\dfrac{-b}{2a}$，$q=\dfrac{\sqrt{b^2-4ac}}{2a}$

则 $x_1=p+q$，$x_2=p-q$

源程序如下：

```
#include<math.h>
main()
{
   float a,b,c,disc,x1,x2,p,q;
   printf("Please Input a,b,c: ");
   scanf("a=%f,b=%f,c=%f",&a,&b,&c);
   disc=b*b-4*a*c;
   p=-b/(2*a);
   q=sqrt(disc)/(2*a);
   x1=p+q;x2=p-q;
   printf("\nx1=%5.2f\nx2=%5.2f\n",x1,x2);
}
```

运行这个程序：

```
Please Input a,b,c:a=1,b=2,c=1
x1=-1.00
x2=-1.00
```

再次运行程序：

```
Please Input a,b,c:a=1,b=-9,c=20
x1= 5.00
x2= 4.00
```

习　　题

一、选择题

1. 若有说明语句 int w=1,x=2,y=3,z=4；则表达式 w > x ? w : z > y ? z : w 的值为（　　）。

A. 4　　B. 3　　C. 2　　D. 1

2. 若有 int　i=1，j=2，y；y=(i++，j++，i+2，j+1，(i++)+(j++))；则 y 的值为（　　）。

A. 12　　B. 7　　C. 10　　D. 5

3. 有如下程序，输入数据 12345 67<CR> 后， x 的值是（　　）， y 的值是（　　）。

```
#include<stdio.h>
main()
{
   int x;
   float y;
   scanf("%3d%d",&x,&y);
}
```

① A. 12345　　B. 123　　C. 45　　D. 345

② A. 45　　B. 4567　　C. 678　　D. 456

4. 有如下程序，输入数据 12 345<CR> 后，x 的值是（　　），y 的值是（　　）。

```
#include<stdio.h>
main()
{
    int x;
    float y;
    scanf("%3d%f",&x,&y);
}
```

① A. 12　　B. 123　　C. 12345　　D. 0

② A. 12.000000　　B. 345.000000　　C. 123.000000　　D. 0.0000000

5. 有如下程序，对应正确的数据输入是（　　）。

```
#include<stdio.h>
main()
{
     float a,b;
     scanf("%f%f",&a,&b);
     printf("a=%f,b=%f\n",a,b);
```

```
}
```

A. 2.04<CR> 5.67<CR>　　B. 2.04,5.67<CR>

C. A=2.04,b=5.67<CR>　　D. 2.045.67<CR>

6. 有如下输入语句：scanf("a=%d,b=%d,c=%d",&a,&b,&c); 为使变量 a 的值为 1、b 的值为 2、c 的值为 3，从键盘输入数据的正确形式应是（　　）。

A. 132<CR>　　B. 1,3,2<CR>

C. a=1,b=2,c=3<CR>　　D. a=1 b=2 c=3<CR>

7. 以下程序的执行结果是（　　）。

```
#include<stdio.h>
main()
{
    int sum,pad;
    sum=pad=5;
    pad=sum++;
    pad++;
    ++pad;
    printf("%d\n",pad);
}
```

A. 7　　B. 6　　C. 5　　D. 4

8. 以下程序的执行结果是（　　）。

```
#include<stdio.h>
main()
{
    int i=010,j=10;
    printf("%d,%d,%d\n",++i,j,j--);
}
```

A. 11,9,10　　B. 9,9,10　　C. 010,9 ,9　　D. 10,9,9

9. 已知字母 A 的 ASCII 码是 65，以下程序的执行结果是（　　）。

```
#include<stdio.h>
main()
{
    char c1='A',c2='Y';
    printf("%d,%d\n",c1,c2);
}
```

A. A,Y　　B. 65,65　　C. 65,90　　D. 65,89

10. 以下程序的执行结果是（　　）。

```
#include<stdio.h>
#include<math.h>
main()
```

```
{
    int  a=1,b=4,c=2;
    float x=10.5,y=4.0,z;
    z=(a+b)/c+sqrt((double)y) *1.2/c+x;
    printf("%f\n",z);
}
```

A. 14.000000　　B. 15.000000　　C. 13.700000　　D. 14.900000

二、填空题

1. 一个 C 语言语句中至少包含一个________。

2. 若定义 int a=1,b=2;，执行 printf("%3d%-3d",a,b); 后的输出是________。（用␣表示空格）

3. 若定义 float a=1352.97856;则 printf("%6.3f,%6d",a,(int)a);的输出是________。（用␣表示空格）

4. 若定义 int a=–1;当执行 printf("%6X",a); 语句后，输出结果是________。（用␣表示空格）

5. 执行 printf("CHIAN\0BEIJING");语句，输出为 ________。

6. 已知程序的输出结果是 a=23.50%，将程序补充完整。

```
main()
{
    int  a=23;
    printf("_______\n",(float)a+0.5);
}
```

三、阅读程序，写出结果

1. 以下程序的执行结果是 ________ 。

```
main()
{
    int m=0165;
    printf("m1=%d,m2=%x\n",m,m);
}
```

2. 以下程序的执行结果是 ________ 。

```
main()
{
    int a=321;
    char c;
    c=a;
    printf("c=%c",c);
}
```

3. 以下程序的执行结果是 ________ 。

```
main()
{
    int a,b,m,n;
    a=100; b=200;
    m=a++; n=++b;
    printf("%d,%d,%d,%d\n",a,b,m,n);
}
```

4. 以下程序的执行结果是 ________ 。

```
#include<stdio.h>
main()
{
   float f=3.1415927;
   printf("%f,% 5.4f ,% 3.3f ",f,f,f);
}
```

5. 以下程序的执行结果是 ________ 。

```
#include<stdio.h>
main()
{
   float f=3.5;
   printf("%f,%g",f,f);
}
```

6. 以下程序的执行结果是 ________ 。

```
#include<stdio.h>
main()
{
   float f=31.41592;
   printf("%f,%e",f,f);
}
```

7. 以下程序的执行结果是 ________ 。

```
#include<stdio.h>
main()
{
   char c='A'+10;
   printf("c=%c\n",c);
}
```

四、编程题

1. 从键盘上输入一个整型数，输出该数所对应的八进制和十六进制数，再输出该数除以5的余数。

2. 从键盘输入两个实型数，编程求它们的和、差、积、商。要求输出结果保留两位小数。

3. 从键盘上输入一个梯形的上底、下底和高，输出梯形的面积。要求使用实型数据进行计算。

4. 输入一个除 a 和 z 之外的小写英文字母，输出它的前一个字母、它本身及它后面的一个字母。

5. 输入一个华氏温度，输出对应的摄氏温度。要求输出结果保留两位小数，并有文字说明。计算公式为：

$$C=5/9(F-32)$$

6. 计算机完成一项复杂的数学计算需要 40 000 s，编写程序，将其转换成几小时几分钟几秒钟的表示形式。

第 4 章　选择结构程序设计

章前导读

"to be or not be"？

这个问题深深地困扰着哈姆雷特。他必须在"生存还是毁灭"之间做出一个选择，这是一个困难的选择。

在你的人生中，您曾经面对过什么选择呢？

"学编程还是不学编程"？

"学 C 还是学 BASIC"？

选择哪一个，最终总要决定，但是每个人在做出选择时所要面对的条件不同。前一章讲"顺序流程"就好像长安街一样笔直，从头走到尾；本章要讲的"条件分支流程"，就像是在道路上遇到了分叉，是直行还是拐弯？全看程序走到分叉时所碰上的条件。

4.1　关系运算符和表达式

在程序中经常需要比较两个量的大小关系，以决定程序下一步的工作。比较两个量的运算符称为关系运算符。

4.1.1　关系运算符及其优先次序

在 C 语言中有以下关系运算符：

（1）<　　小于；
（2）<=　　小于或等于；
（3）>　　大于；
（4）>=　　大于或等于；
（5）==　　等于；
（6）!=　　不等于。

关系运算符都是双目运算符，其结合性均为左结合。关系运算符的优先级低于算术运算符，高于赋值运算符。在 6 个关系运算符中，<、<=、>、>=的优先级相同，高于==和!=，==和!=的优先级相同。例如：

```
c>a+b        等效于 c>(a+b)
a>b==c       等效于(a>b)==c
a==b<c       等效于 a==(b<c)
a=b<c        等效于 a=(b<c)
```

4.1.2　关系表达式

用关系运算符将两个表达式（可以是算术表达式或关系表达式、逻辑表达式、赋值表达式、字符表达式）连接起来的式子，称为关系表达式。关系表达式的一般形式为：

表达式　关系运算符　表达式

例如：

```
a+b>c-d
x>3/2
'a'+1<c
-i-5*j==k+1
```

都是合法的关系表达式。由于关系运算符两边的表达式也可以又是关系表达式，因此也允许出现嵌套的情况，例如：

```
a>(b>c)
a!=(c==d)
```

关系表达式的值是逻辑值，即“真”和“假”，用“1”和“0”表示。如：

5>0 的值为“真”，即为 1；

(a=3)>(b=5)由于 3>5 不成立，故其值为“假”，即为 0。

【例 4.1】

```
main()
{
    char c='k';
    int i=1,j=2,k=3;
    float x=3e+5,y=0.85;
    printf("%d,%d\n",'a'+5<c,-i-2*j>=k+1);
    printf("%d,%d\n",1<j<5,x-5.25<=x+y);
    printf("%d,%d\n",i+j+k==-2*j,k==j==i+5);
}
```

本程序的运行结果是：

```
1,0
1,1
0,0
```

在本例中求出了各种关系运算符的值。字符变量是以它对应的 ASCII 码参与运算的。对于含多个关系运算符的表达式，如 k==j==i+5,根据运算符的左结合性，先计算 k==j,该式不成立，其值为 0，再计算 0==i+5，也不成立，故表达式的值为 0。

4.2　逻辑运算符和表达式

4.2.1　逻辑运算符及其优先次序

C 语言中提供了 3 种逻辑运算符：

（1）&&　与运算；

（2）||　或运算；

（3）!　非运算。

与运算符&&和或运算符||均为双目运算符，具有左结合性。非运算符!为单目运算符，具有右结合性。逻辑运算符和其他运算符优先级的关系可表示如下：

!（非）高于&&(与)高于||(或)；

“&&”和“||”低于关系运算符，“!”高于算术运算符。

各种运算符的优先级顺序如图 4–1 所示。

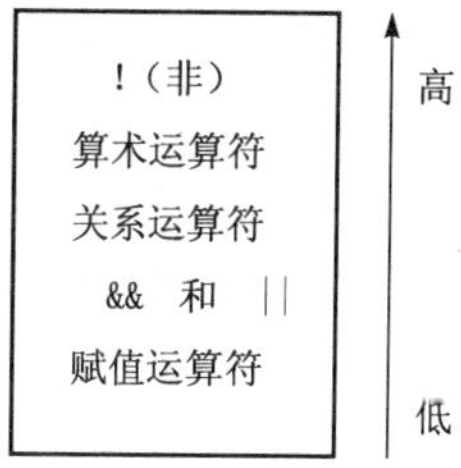

! （非）
算术运算符
关系运算符
&&　和　||
赋值运算符

图 4–1

按照运算符的优先顺序可以得出：

a>b && c>d	等价于	(a>b)&&(c>d)
!b==c||d<a	等价于	((!b)==c)||(d<a)
a+b>c&&x+y<b	等价于	((a+b)>c)&&((x+y)<b)

4.2.2　逻辑运算的值

逻辑运算的值也为“真”和“假”两种，用“1”和“0”来表示。其求值规则如下所示。

（1）与运算 &&：参与运算的两个表达式都为真时，结果才为真；否则为假。

例如：

5>0 && 4>2

由于 5>0 为真，4>2 也为真，相与的结果也为真。

（2）或运算||：参与运算的两个表达式只要有一个为真，结果就为真；两个量都为假时，结果为假。

例如：

5>0||5>8

由于 5>0 为真，相或的结果也就为真。

（3）非运算!：参与运算的量为真时，结果为假；参与运算的量为假时，结果为真。

例如：

!(5>0)

结果为假。

C 语言的编译在给出逻辑运算值时，以“1”代表“真”，“0”代表“假”，在判断一个量是为“真”还是为“假”时，以“0”代表“假”，以非“0”作为“真”。

例如：由于 5 和 3 均为非“0”，因此 5&&3 的值为“真”，即为 1。

又如：5||0 的值为“真”，即为 1。

4.2.3　逻辑表达式

逻辑表达式的一般形式为：

表达式　逻辑运算符　表达式

其中的表达式可以又是逻辑表达式，从而形成了嵌套的形式。例如：

(a&&b)&&c

根据逻辑运算符的左结合性，上式也可写为：

a&&b&&c

逻辑表达式的值是式中各种逻辑运算的最后值，以“1”和“0”分别代表“真”和“假”。

实际上，在逻辑表达式的求解中，并不是所有的逻辑运算符都被执行，而只是在必须执行下一个逻辑运算符才能求出表达式的解时，才执行该运算符。例如：

（1）a&&b&&c 只有 a 为真(非 0)时，才需要判别 b 的值，只有 a 和 b 都为真的情况下才需要判别 c 的值；只要 a 为假，就不必判别 b 和 c(此时整个表达式已确定为假)；如果 a 为真，b 为假，不判别 c。

（2）a||b||c 只要 a 为真(非 0)，就不必判断 b 和 c；只有 a 为假，才判别 b；a 和 b 都为假，才判别 c。

也就是说，对运算符&&来说，只有 a≠0，才继续进行右面的运算。对运算符 || 来说，只有 a=0，才继续进行其右面的运算。因此，如果有下面的逻辑表达式：

(m=a＞b)&&(n=c＞d)

当 a=1、b=2、c=3、d=4、m 和 n 的原值为 1 时，由于表达式“a＞b”的值为 0，因此 m=0，而表达式“n=c＞d”不被执行，因此 n 的值不是 0，而仍保持原值 1，这点请读者注意。

熟练掌握 C 语言的关系运算符和逻辑运算符后，可以巧妙地用一个逻辑表达式来表示一个复杂的条件。

例如，要判别某一年份是否为闰年。闰年的条件是要符合下面二者之一：

① 能被 4 整除，但不能被 100 整除；② 能被 4 整除，又能被 400 整除。

这时可以用一个逻辑表达式来表示。

(year%4==0&&year%100!=0)||year%400==0

当 year 为某一整数值时，如果上述表达式的值为真(1)，则 year 为闰年；否则 year 为非闰年。

可以加一个“!”用来判别非闰年。

!((year%4==0&&year%100!=0)||year%400==0)

若表达式的值为真(1)，则 year 为非闰年。也可以用下面的逻辑表达式判别非闰年。

(year%4!=0)||(year%100==0&&year%400!=0)

若表达式的值为真(1)，则 year 为非闰年。注意表达式中右面括弧内不同运算符(%，==，&&，!=)的优先次序。

注意，关系式 10<x<20 应表示为：x>10&&x<20。

【例 4.2】

```
main()
{
    char c='k';
    int i=1,j=2,k=3;
    float x=3e+5,y=0.85;
    printf("%d,%d\n",!x*!y,!!!x);
    printf("%d,%d\n",x||i&&j-3,i<j&&x<y);
    printf("%d,%d\n",i==5&&c&&(j=8),x+y||i+j+k);
}
```

本例中!x 和!y 均为 0，!x*!y 也为 0，故其输出值为 0。由于 x 为非 0，故!!!x 的逻辑值为

0。对于 x|| i && j-3 式，由于 x 的值为非 0，故 x||i&&j-3 的逻辑值为 1。对于 i<j&&x<y 式，由于 i<j 的值为 1，而 x<y 为 0，故表达式的值最后为 0。对于 i==5&&c&&(j=8)式，由于 i==5 为假，即值为 0，该表达式由两个与运算组成，所以整个表达式的值为 0。对于式 x+ y||i+j+k 由于 x+y 的值为非 0，故整个或表达式的值为 1。

4.3 if 语句

用 if 语句可以构成分支结构。它根据给定的条件进行判断，以决定执行某个分支程序段。C 语言的 if 语句有 3 种基本形式。

4.3.1 if 语句的 3 种形式

1. 第一种形式为：if

其一般形式为：

if(表达式)语句；

其语义是：如果表达式的值为真，则执行其后的语句， 否则不执行该语句。其过程可表示为图 4–2。

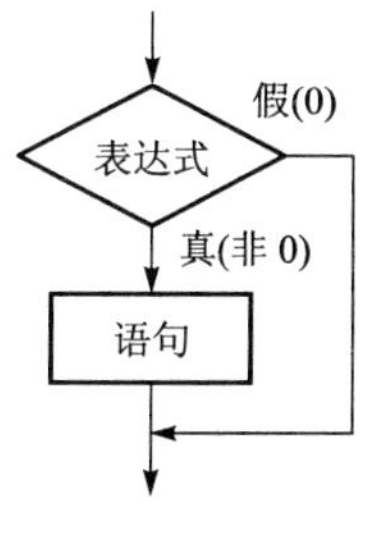

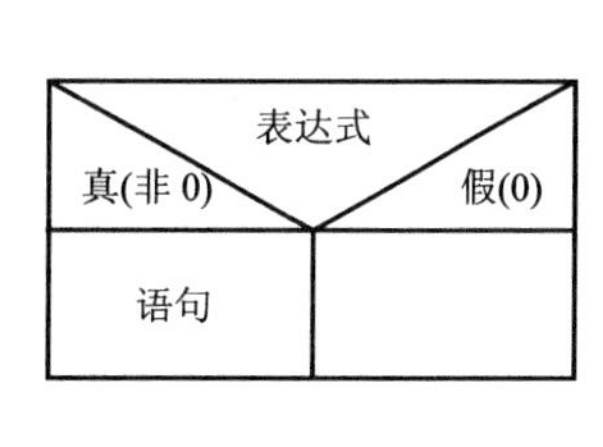

图 4–2

【例 4.3】

```
main()
{
    int a,b,max;
    printf("\n input two numbers:   ");
    scanf("%d%d",&a,&b);
    max=a;
    if (max<b) max=b;
    printf("max=%d",max);
}
```

本例程序中，输入两个数 a、b，把 a 先赋予变量 max，再用 if 语句判别 max 和 b 的大小，如 max 小于 b，则把 b 赋予 max。因此 max 中总是大数，最后输出 max 的值。

2. 第二种形式为: if-else

其一般形式为：

if(表达式）

　　语句 1；

else

　　语句 2；

其语义是：如果表达式的值为真，则执行语句 1，否则执行语句 2 。其执行过程如图 4–3 所示。

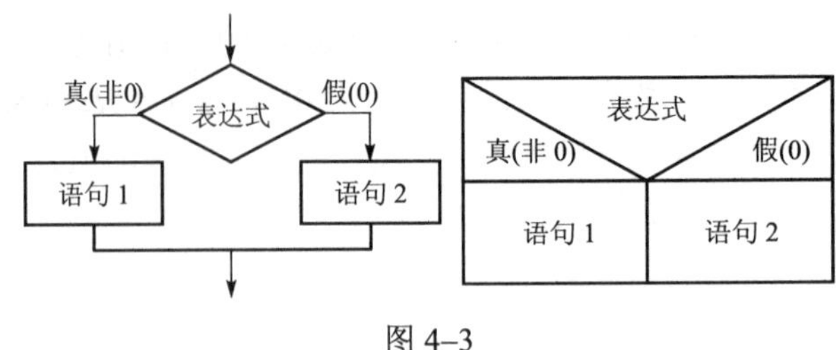

图 4–3

【例 4.4】 输入两个数，输出其中的最大值。

```
main()
{
    int a, b;
    printf("input two numbers:     ");
    scanf("%d%d",&a,&b);
    if(a>b)
        printf("max=%d\n",a);
    else
        printf("max=%d\n",b);
}
```

本例输入两个整数，输出其中的大数，采用 if-else 语句判别 a、b 的大小，若 a 大，则输出 a，否则输出 b。

3. 第三种形式为：if-else-if

前两种形式的 if 语句一般都用于两个分支的情况。当有多个分支选择时，可采用 if-else-if 语句，其一般形式为：

```
if(表达式 1)
    语句 1;
else  if(表达式 2)
    语句 2;
else  if(表达式 3)
    语句 3;
    …
else  if(表达式 m)
    语句 m;
else
    语句 n;
```

其语义是：依次判断表达式的值，当出现某个值为真时，则执行其对应的语句，然后跳到整个 if 语句之外继续执行程序；如果所有表达式的值均为假，则执行语句 n，然后继续执行后续程序。if-else-if 语句的执行过程如图 4–4 所示。

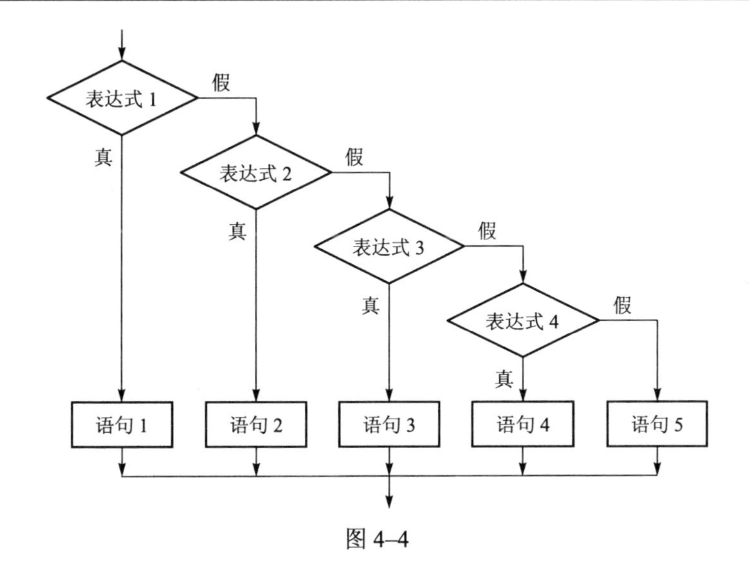

图 4–4

【例 4.5】

```
#include<stdio.h>
main()
{
    char c;
    printf("input a character:    ");
    c=getchar();
    if(c<32)
        printf("This is a control character\n");
    else if(c>='0'&&c<='9')
        printf("This is a digit\n");
    else if(c>='A'&&c<='Z')
        printf("This is a capital letter\n");
    else if(c>='a'&&c<='z')
        printf("This is a small letter\n");
    else
        printf("This is an other character\n");
}
```

本例要求判别键盘输入字符的类别，可以根据输入字符的 ASCII 码来判别类别。由 ASCII 码表可知 ASCII 码值小于 32 的为控制字符。 在“0”和“9”之间的为数字，在“A”和“Z”之间的为大写字母，在“a”和“z”之间的为小写字母，其余则为其他字符。 这是一个多分支选择的问题，用 if-else-if 语句编程，判断输入字符 ASCII 码所在的范围，分别给出不同的输出。例如输入为“g”，输出显示它为小写字符。

4. 在使用 if 语句中应注意的问题

（1）在 3 种形式的 if 语句中，if 关键字之后均为表达式。该表达式通常是逻辑表达式或关系表达式，但也可以是其他表达式，如赋值表达式等，甚至也可以是一个变量。

例如：

```
if(a=5) 语句;
if(b) 语句;
```

都是允许的。只要表达式的值为非 0，即为“真”。如在:

```
if(a=5)…;
```

中表达式的值永远为非 0，所以其后的语句总是要执行的，当然这种情况在程序中不一定会出现，但在语法上是合法的。

又如，有程序段：

```
if(a=b)
    printf("%d",a);
else
    printf("a=0");
```

本语句的语义是把 b 值赋予 a，如为非 0 则输出该值，否则输出"a=0"字符串。这种用法在程序中是经常出现的。

（2）在 if 语句中，条件判断表达式必须用括号括起来，在语句之后必须加分号。

（3）在 if 语句的 3 种形式中，所有的语句应为单个语句，如果要想在满足条件时执行一组(多个)语句，则必须把这一组语句用{}括起来组成一个复合语句。但要注意的是在}之后不能再加分号。

例如：

```
if(a>b)
{
    a++;
    b++;
}
else
{
    a=0;
    b=10;
}
```

（4）充分认识 else 的否定作用，尽量使程序简洁。如描述：

$$y=\begin{cases}1 & x<10\\0 & 10\leqslant x\leqslant 20\\-1 & x>20\end{cases}$$

应为：

```
if(x<10)
    y=1;
else if(x<=20)
```

```
          y=0;
      else
          y=-1;
```

而不要表示为：

```
if(x<10)
    y=1;
else if(x>=10&&x<=20)
        y=0;
    else if(x>=20)
            y=-1;
```

4.3.2　if 语句的嵌套

当 if 语句中的执行语句又是 if 语句时，则构成了 if 语句嵌套的情形。

其一般形式可表示如下：

if(表达式）
**　　if 语句；**

或者为：

if(表达式）
**　　if 语句；**
else
**　　if 语句；**

嵌套的 if 语句可能也是 if-else 形式，这时将会出现多个 if 和多个 else 重叠的情况，要特别注意 if 和 else 的配对问题。

例如：

```
if(表达式 1)
if(表达式 2)
    语句 1;
else
    语句 2;
```

其中的 else 究竟是与哪一个 if 配对呢？应该理解为：

```
if(表达式 1)
    if(表达式 2)
        语句 1;
    else
        语句 2;
```

还是应理解为：

```
if(表达式 1)
    if(表达式 2)
        语句 1;
```

else
    语句 2;

为了避免这种二义性，C 语言规定，else 总是与它前面距离最近的尚未配对的 if 配对，因此对上例应按前一种情况理解。

【例 4.6】

```
main()
{
    int a,b;
    printf("please input A,B:    ");
    scanf("%d%d",&a,&b);
    if(a!=b)
        if(a>b) printf("A>B\n");
        else    printf("A<B\n");
    else    printf("A=B\n");
}
```

比较两个数的大小关系。

本例中用了 if 语句的嵌套结构。采用嵌套结构实质上是为了进行多分支选择，实际上有 3 种选择即 A>B、A<B 或 A=B。这种问题用 if-else-if 语句也可以完成，而且程序更加清晰。因此，在一般情况下较少使用 if 语句的嵌套结构，以使程序更便于阅读理解。

【例 4.7】

```
main()
{
    int a,b;
    printf("please input A,B:      ");
    scanf("%d%d",&a,&b);
    if(a==b) printf("A=B\n");
    else if(a>b) printf("A>B\n");
    else  printf("A<B\n");
}
```

【例 4.8】 输入 3 个整数，输出最大数和最小数。

```
main()
{
    int a,b,c,max,min;
    printf("input three numbers:    ");
    scanf("%d%d%d",&a,&b,&c);
    if(a>b)
        {max=a;min=b;}
    else
        {max=b;min=a;}
```

```
    if(max<c)
        max=c;
    else
        if(min>c)
            min=c;
    printf("max=%d\nmin=%d",max,min);
}
```

本程序中，首先比较输入的 a、b 的大小，并把大数装入 max，小数装入 min，然后再与 c 比较。若 max 小于 c，则把 c 赋予 max；若 c 小于 min，则把 c 赋予 min。因此 max 内总是最大的数，而 min 内总是最小的数，最后输出 max 和 min 的值即可。

4.3.3　条件运算符和条件表达式

当在条件语句中只执行单个的赋值语句时，常使用条件表达式来实现。这样不但使程序简洁，也提高了运行效率。

条件运算符为?和:，它是唯一一个三目运算符，即有 3 个参与运算的量。

由条件运算符组成条件表达式的一般形式为：

表达式 1? 表达式 2: 表达式 3

其求值规则为：如果表达式 1 的值为真，则以表达式 2 的值作为条件表达式的值，否则以表达式 3 的值作为条件表达式的值。

条件表达式通常用于赋值语句之中。

例如条件语句：

```
if(a>b) max=a;
else max=b;
```

可用条件表达式写为：

```
max=(a>b)?a:b;
```

执行该语句的语义是：如 a>b 为真，则把 a 赋予 max，否则把 b 赋予 max。

使用条件表达式时，还应注意以下几点。

（1）条件运算符的运算优先级低于关系运算符和算术运算符，但高于赋值运算符。因此

```
max=(a>b)?a:b
```

可以去掉括号而写为：

```
max=a>b?a:b
```

（2）条件运算符?和:是一对运算符，不能分开使用。

（3）条件运算符的结合方向是自右至左。例如：

```
a>b?a:c>d?c:d
```

应理解为：

```
a>b?a:(c>d?c:d)
```

这也就是条件表达式嵌套的情形，即其中的表达式 3 又是一个条件表达式。

【例 4.9】用条件表达式对例 4.4 重新编程，输出两个数中的大数。

```
main()
```

```
{
    int a,b,max;
    printf("\n input two numbers:   ");
    scanf("%d%d",&a,&b);
    printf("max=%d",a>b?a:b);
}
```

4.4 switch 语句

C 语言还提供了另一种用于多分支选择的 switch 语句， 其一般形式为：

switch(表达式)
{
case 常量表达式 1:　语句 1;
case 常量表达式 2:　语句 2;
…
case 常量表达式 n:　语句 n;
default　　　　　:　语句 n+1;
}

其语义是：计算表达式的值，然后逐个与 case 后的常量表达式值相比较，当表达式的值与某个常量表达式的值相等时，即执行该 case 后的语句，然后不再进行判断，继续执行后面所有语句；如表达式的值与所有 case 后的常量表达式均不相同，则执行 default 后的语句。

【例 4.10】

```
main()
{
    int a;
    printf("input integer number:     ");
    scanf("%d",&a);
    switch (a)
    {
        case 1:      printf("Monday\n");
        case 2:      printf("Tuesday\n");
        case 3:      printf("Wednesday\n");
        case 4:      printf("Thursday\n");
        case 5:      printf("Friday\n");
        case 6:      printf("Saturday\n");
        case 7:      printf("Sunday\n");
        default:     printf("error\n");
    }
}
```

本程序是要求输入一个数字，输出一个英文单词。但是当输入 3 之后，却执行了 case 3 以及以后的所有语句，输出了 Wednesday 及以后的所有单词。这当然不是所希望的。为什么会出现这种情况呢?这恰恰是因为 switch 语句的一个特点。在 switch 语句中，“case 常量表达式”只相当于一个语句标号， 表达式的值和某标号相等时则转向该标号执行，但不能在执行完该标号的语句后自动跳出整个 switch 语句，所以出现了继续执行所有后面语句的情况。这与前面介绍的 if 语句是完全不同的，应特别注意。为了避免上述情况的发生，C 语言还提供了一种 break 语句，可用于跳出 switch 语句。break 语句只有关键字 break。如修改本例程序，在每一个 case 对应语句之后增加 break 语句，便可使每一次执行相应 case 后语句后均能跳出 switch 语句，从而避免了输出不应有的结果。

【例 4.11】

```
main()
{
    int a;
    printf("input integer number:    ");
    scanf("%d",&a);
    switch (a)
    {
        case 1:     printf("Monday\n");     break;
        case 2:     printf("Tuesday\n");    break;
        case 3:     printf("Wednesday\n");  break;
        case 4:     printf("Thursday\n");   break;
        case 5:     printf("Friday\n");     break;
        case 6:     printf("Saturday\n");   break;
        case 7:     printf("Sunday\n");     break;
        default:    printf("error\n");
    }
}
```

【例 4.12】计算器程序。用户输入运算数和四则运算符，输出计算结果。

```
main()
{
    float a,b;
    char c;
    printf("input expression: a+(-,*,/)b \n");
    scanf("%f%c%f",&a,&c,&b);
    switch(c)
    {
        case '+': printf("%f\n",a+b);break;
        case '-': printf("%f\n",a-b);break;
        case '*': printf("%f\n",a*b);break;
        case '/': printf("%f\n",a/b);break;
```

```
        default: printf("input error\n");
    }
}
```

本例可用于四则运算求值。switch 语句用于判断运算符，然后输出运算值。当输入运算符不是+、-、*、/时给出错误提示。

在使用 switch 语句时还应注意以下几点。

（1）在 case 后的各常量表达式的值不能相同，否则会出现错误。

（2）在 case 后，允许有多个语句，可以不用{}括起来。

（3）各 case 和 default 子语句的先后顺序可以变动，不会影响程序的执行结果。

（4）default 子语句可以省略不用。

（5）switch 语句也可嵌套，嵌套时，break 中断的是本层 switch。

【例 4.13】 switch 语句的嵌套。

```
main()
{
    int a=0,b=3,c=2;
    switch(a)
    {
        case 0: switch(b==3)
                {
                    case 1: printf("*"); break;
                    case 2: printf("%"); break;
                }
        case 1: switch(c)
                {
                    case 1: printf("&"); break;
                    case 2: printf("#");
                    case 3: printf("$");
                }
    }
}
```

运行结果为：

```
    *#$
```

4.5 选择结构程序举例

【例 4.14】 输入 3 个整数，要求按由大到小的顺序输出。

```
main()
{
    int a,b,c,t;
```

```
    scanf("%d%d%d",&a,&b,&c);
    if(a<b)
        t=a,a=b,b=t;
    if(a<c)
        t=a,a=c,c=t;
    if(b<c)
        t=b,b=c,c=t;
    printf("%d,%d,%d\n",a,b,c);
}
```

【例 4.15】输入学生的百分制成绩，要求输出成绩等级'A、'B'、'C、 'D、'E'。90 分以上为'A',80～89 分为'B',70～79 分为'C',60～69 分为'D', 60 分以下为'E'。

```
main()
{
    int s;
    scanf("%d",&s);
    switch(s/10)
    {
        case 10:
        case  9: printf("A"); break;
        case  8: printf("B"); break;
        case  7: printf("C"); break;
        case  6: printf("D"); break;
        default: printf("E");
    }
}
```

习　　题

一、选择题

1. 为了避免嵌套的 if-else 语句的语义二义性，C 语言规定 else 总是与（　　）相区配。

A. 缩排位置相同的 if　　B. 在其之前未配对的 if

C. 在其之前未配对的最近的 if　　D. 同一行上的 if

2. 选择出合法的 if 语句（设 int x,a,b; ）（　　）。

A. if(a==b) x++;　　B. if(a=<b) x++;　　C. if(a<>b) x++;　　D. if(a=>b) x++;

3. 选择出合法的 if 语句（设 int x,a,b,c; ）（　　）。

```
A. if(x!=y) if(x>y) printf("x>y\n");
   else printf("x<y\n");
   else printf("x==y\n");
B. if(x!=y)
```

```
   if(x>y) printf("x>y\n")
   else  printf("x<y\n");
   else printf("x==y\n");
C. if (x!=y) if(x>y) printf("x>y\n");
   else printf("x<y\n")
   else printf("x==y\n");
D. if(x!=y)
   if(x>y) printf("x>y\n");
   else printf("x<y\n")
   else printf("x==y\n");
```

4. C 语言用（ ）表示逻辑“真”值。

A. true　　B. t 或 y　　C. 非零值　　D. 整数 0

5. 有如下程序:

```
main()
{
    int x=1,a=0,b=0;
    switch(x)
     {
       case  0: b++;
       case  1: a++;
       case  2: a++;b++;
     }
    printf("a=%d,b=%d\n",a,b);
  }
```

该程序的输出结果是（　）。

A. a=2,b=1　　B. a=1,b=1　　C. a=1,b=0　　D. a=2,b=2

6. 有如下程序：

```
main()
{   int a=2,b=-1,c=2;
       if(a<b) if(b<0) c=0;
       else c++;
    printf("%d\n",c);
 }
```

该程序的输出结果是（　　）。

A. 0　　B. 1　　C. 2　　D. 3

7. 当 c 的值不为 0 时，在下列选项中能正确将 c 的值赋给变量 a、b 的是（　　）。

A. c=b=a;　　B. (a=c)|| (b=c);　　C. (a=c)&&(b=c);　　D. a=c=b;

8. 能正确表示逻辑关系"a>=10 或 a<=0"的 C 语言表达式是（　　）。

A. a>=10 or a<=0　　B. a>=10 | a<=0

C. a>=10 && a<=0　　D. a>=10 || a<=0

9. 语句 printf("%d",(a=2)&&(b=-2)); 的输出结果是（　　）。

A. 无输出　　B. 结果不确定　　C. -1　　D. 1

10. 设 int x=1, y=1; 表达式（!x||y- -）的值是（　　）。

A. 0　　B. 1　　C. 2　　D. -1

二、填空题

1. 能表示"20<x<30 或 x<-100"的 C 语言表达式是______________。

2. 已知 m=1、n=5，则执行 if（！ m+5>=n）n=1;后，变量 n 的值是__________。

3. 若定义了 int x=0;, 则执行 if(!(x=10)) printf("true"); else printf("false"); 的输出__________。

4. switch 语句只有与__________语句结合使用，才能实现多分支选择结构。

5. 在 C 语言的 switch 语句中，每个“case”和冒号“：”之间只能是___________。

6. 已知 a、b、c 的值分别为 1、2、3，则执行下列语句后 a 和 c 的值分别是______________。

if（a++<b）{b=a;a=c;c=b;}　else a=b=c=0;

7. 设整型变量 a、b、c 分别存放 3 个整数，要求输出其中最大的数，将程序补充完整。

```
main( )
{
    int a,b,c,max;
    scanf("%d%d%d",&a,&b,&c);
    if (a>b) max=a;
    else ________;
    if (________) max=c;
    printf("%d%d%d\n",a,b,c);
 }
```

8. 下面程序段的功能是判断输入的字符如果是数字，就将这个数扩大 10 倍后按%d 形式输出。例如，输入数字 5，则输出 50。填空将程序补充完整。

```
#include"stdio.h"
main( )
{
   char k;
   k=getchar( );
   if (k>='0' && k<='9')
   printf("%d\n",_________);
}
```

三、写出下面各逻辑表达式的值（设 a=3,b=4,c=5）

1. a+b>c&& b==c

2. a||b+c&&b-c

3. !(a>b)&&!c||1

4. !(x=a)&&(y=b)&&0

5. !(a+b)+c-1&&b+c/2

四、阅读程序，写出结果

1. 以下程序的执行结果是 ________ 。

```
#include <stdio.h>
main()
{
    int a,b,c;
    a=2;b=3;c=1;
    if(a>b)
    if(a>c)
        printf("%d\n",a);
    else
        printf("%d\n",b);
    printf("end\n");
}
```

2. 以下程序的执行结果是 ________ 。

```
#include <stdio.h>
main()
{
    int a,b,c,d,x;
    a=c=0;
    b=1;
    d=20;
    if(a) d=d-10;
    else if(!b)
            if(!c) x=15;
            else x=25;
    printf("d=%d\n",d);
}
```

3. 以下程序在输入 5,2 之后的执行结果是 ________。

```
#include <stdio.h>
main()
{
     int s,t,a,b;
     scanf("%d,%d",&a,&b);
     s=1;
     t=1;
     if(a>0) s=s+1;
     if(a>b) t=s+t;
```

```
        else if(a==b) t=5;
        else t=2*s;
        printf("s=%d,t=%d\n",s,t);
    }
```

4. 以下程序的执行结果是 ________ 。

```
#include <stdio.h>
main()
{
    int x=1,y=0;
    switch (x)
    {
        case 1:
            switch (y)
            {
                case 0:printf("first\n");break;
                case 1:printf("second\n");break;
            }
        case 2:printf("third\n");
    }
}
```

5. 执行以下程序，输入−10 的结果是 ________，输入 5 的结果是 ________ ，输入 10 的结果是 ________，输入 30 的结果是 ________。

```
#include <stdio.h>
main()
{
    int x,c;
    float y;
    scanf("%d",&x);
    if(x<0) c=-1;
    else c=x/10;
    switch ( c )
    {
        case  -1:y=0;break;
        case   0:y=x;break;
        case   1:y=10;break;
        case   2:
        case   3:y=-0.5*x+20;break;
        default:y=-2;
    }
```

```
        if(y!=-2) printf("y=%g\n",y);
        else printf("error\n");
    }
```

6. 以下程序的执行结果是 ________。

```
main()
{
    int x=1,y=0,a=0,b=0;
    switch(x)
    {
        case 1: switch(y)
            {
                case 0: a++;break;
                case 1:b++; break;
            }
        case 2: a++; b++; break;
        case 3: a++;b++;
    }
    printf("a=%d,b=%d\n",a,b);
}
```

五、编程题

1. 设整型变量a、b、c、d分别存放从键盘输入的4个整数，编写程序，按从大到小的顺序排列这4个数，并且按顺序输出这4个数。

2. 输入一个少于5位的整数，判断它是几位数，并按照相反的顺序（即逆序）输出各位上的数字。例如，输入的数为1234，输出为4321。

3. 输入两个整数及一个运算符+、一、*、/，分别对两数进行相应运算。

4. 已知银行某年的存款利率如下：

$$
年利率\begin{cases} 活期 & 2.30\% \\ 一年定期 & 3.92\% \\ 三年定期 & 4.33\% \\ 五年定期 & 5.41\% \end{cases}
$$

输入存款本金和期限，求到期时能得到的利息和本金总计。

5. 给出一百分制成绩，要求输出成绩等级'A'、'B'、'C'、'D'、'E'。90分以上为'A'，80～90分为'B'，70～79分为'C'，60～69分为'D'，60分以下为'E'。

6. 有一函数：

$$
y=\begin{cases} x & (x<1) \\ 2x-1 & (1\leqslant x<10) \\ 10x & 10\leqslant x<20 \\ 3x-11 & x\geqslant 20 \end{cases}
$$

写一程序，输入x，输出y值。

第 5 章　循环结构程序设计

章前导读

循环就是反复。生活中，需要反复的事情很多。譬如你我的整个人生，就是一个反复，反复每一天的生活，直到死，幸好，我们每天的生活并不完全一个样。

循环又像绕圈子。比如，体育课，跑 1 200 m，跑道一圈 400 m，所以我们要做的事就是一边跑一边在心里计数（当然要自己数，否则万一老师给谁少计一圈，那可就麻烦了），当计数到 3 圈时，“循环”结束。

循环结构是程序中一种很重要的结构。其特点是：在给定条件成立时，反复执行某程序段，直到条件不成立为止。给定的条件称为循环条件，反复执行的程序段称为循环体。C 语言提供了多种循环语句，可以组成各种不同形式的循环结构，如下所示：

（1）用 while 语句；

（2）用 do-while 语句；

（3）用 for 语句；

（4）用 goto 语句和 if 语句构成循环。

5.1　while 语句

while 语句的一般形式为：

while（表达式）

　　语句；

其中表达式是循环条件，语句为循环体。

while 语句的语义是：计算表达式的值，当值为真（非 0）时，执行循环体语句，并自动返回对循环条件的判断；否则，结束循环。其特点是先判断表达式，后执行语句。其具体执行流程可用图 5–1 表示。

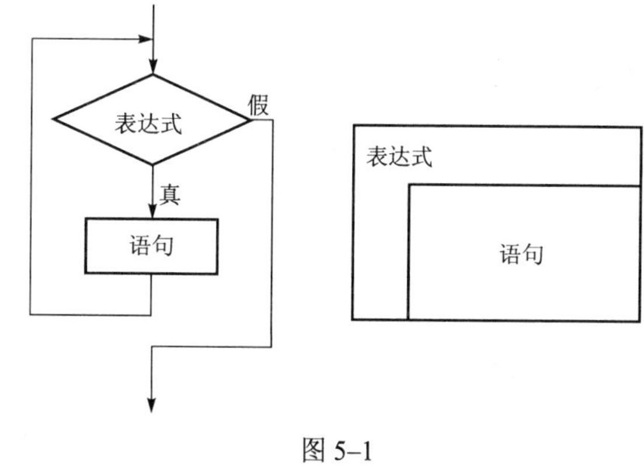

图 5–1

【例 5.1】用 while 语句求 $\sum_{}^{100} n$，即求式子 1+2+3+4+…+100 的值。

用传统流程图和 N-S 结构流程图表示算法，如图 5–2 所示。

```
main()
{
    int i,sum=0;
```

```
    i=1;
    while(i<=100)
        {
            sum=sum+i;
            i++;
        }
    printf("%d\n",sum);
}
```

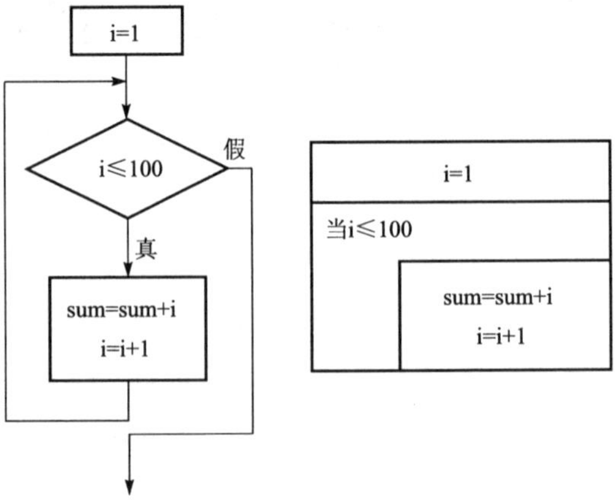

图 5-2

【例 5.2】 统计从键盘输入一行字符的个数。

```
#include <stdio.h>
main()
{
    int n=0;
    printf("input a string:\n");
    while(getchar()!='\n')
        n++;
    printf("%d",n);
}
```

本例程序中的循环条件为 getchar()!='\n',其意义是：只要从键盘输入的字符不是回车就继续循环。循环体 n++完成对输入字符的个数计数，从而使程序实现了对输入一行字符的字符个数计数的功能。

使用 while 语句应注意以下几点。

（1）用以实现“当型”循环。

（2）while 语句中的表达式一般是关系表达式或逻辑表达式，只要表达式的值为真(非 0)即可继续循环。

【例 5.3】

```
main()
{
    int n;
    printf("\n input n:    ");
    scanf("%d",&n);
    while(n--)
        printf("%d  ",n*2);
}
```

本例程序将执行 n 次循环，每执行一次，n 值减 1。循环体输出表达式 n*2 的值，所以运行结果为：

```
    input  n:     5
    8  6    4  2  0
```

（1）循环体如果包含一个以上的语句，应该用花括号括起来，以复合语句的形式出现。如果不加花括号，则 while 语句的范围只到 while 后面第一个分号处。例如，例 5.1 中 while

语句中如无花括号，则 while 语句范围只到“sum=sum+i;”。

（2）在循环体中应有使循环趋向于结束的语句。例如，在例 5.1 中循环结束的条件是“i>100”，因此在循环体中应该有使 i 增加最终导致 i>100 的语句，这里用“i++;”语句来实现此功能。如果无此语句，则 i 的值始终不改变，循环永不结束。

5.2　do-while 语句

do-while 语句的一般形式为：

do

　　语句；

While（表达式）;

这个循环与 while 循环的不同在于：它先执行循环中的语句，然后判断表达式是否为真，如果为真则继续循环；如果为假（直到为假），则终止循环。因此，do-while 循环至少要执行一次循环体语句。其执行过程可用图 5–3 表示。

【例 5.4】用 do-while 语句求 $\sum_{n=1}^{100} n$ 。

用传统流程图和 N-S 结构流程图表示算法，如图 5–4 所示。

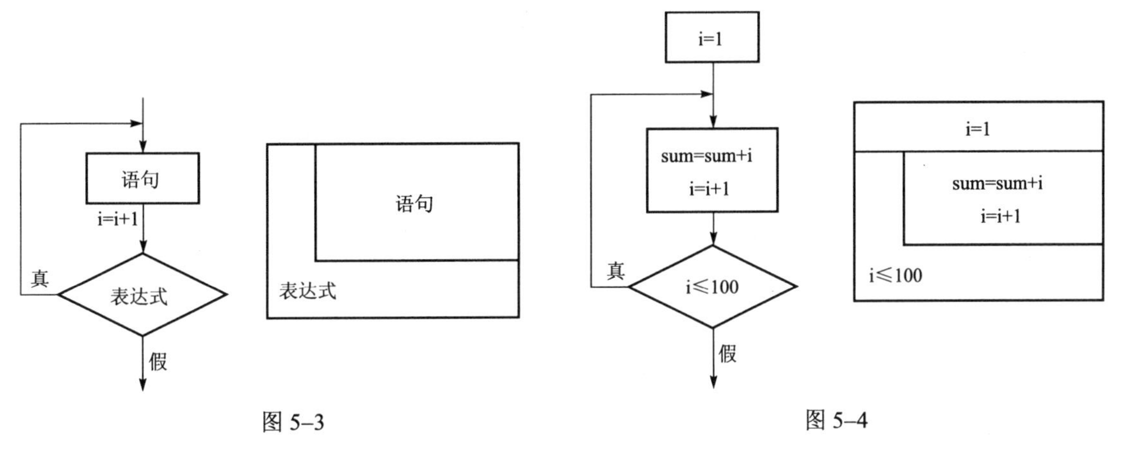

图 5–3　　图 5–4

```
main()
{
    int i,sum=0;
    i=1;
    do
    {
        sum=sum+i;
        i++;
    }
    while(i<=100);
```

```
    printf("%d\n",sum);
}
```

可以看到：对同一个问题可以用 while 语句处理，也可以用 do-while 语句处理。注意：do-while 语句的 while（表达式）后须加“;”。

在一般情况下，用 while 语句和用 do-while 语句处理同一问题时，若二者的循环体部分是一样的，它们的结果也一样。但是，如果 while 后面的表达式一开始就为假(0 值)时，两种循环的结果是不同的。

【例 5.5】 while 和 do-while 循环比较。

（1）while 循环。

```
main()
{
    int sum=0,i;
    scanf("%d",&i);
    while(i<=10)
    {
        sum=sum+i;
        i++;
    }
    printf("sum=%d",sum);
}
```

运行情况如下：

```
    1
    sum=55
```

再运行一次：

```
    11
    sum=0
```

（2）do-while 循环。

```
main()
{
    int sum=0,i;
    scanf("%d",&i);
    do
    {
        sum=sum+i;
        i++;
    }
    while(i<=10);
    printf("sum=%d",sum);
}
```

运行情况如下：

```
1
sum=55
```

再运行一次：

```
11
sum=11
```

可以看到，当输入 i 的值小于或等于 10 时，二者得到结果相同；而当 i>10 时，二者结果就不同了。这是因为此时对 while 循环来说，一次也不执行循环体(表达式"i<=10"为假)；而对 do-while 循环语句来说则要执行一次循环体。可以得到结论：当 while 后面的表达式的第一次的值为真时，两种循环得到的结果相同，否则二者结果不相同(指二者具有相同的循环体的情况)。

5.3　for 语句

在 C 语言中，for 语句使用最为灵活，它完全可以取代 while 语句和 do-while 语句。它的一般形式为：

For（表达式 1；表达式 2；表达式 3）

语句；

它的执行过程如下：

（1）先求解表达式 1；

（2）求解表达式 2，若其值为真（非 0），则执行 for 语句中指定的内嵌语句（循环体语句），然后执行下面第(3)步；若其值为假(0)，则结束循环，转到第(5)步；

（3）求解表达式 3；

（4）转回上面第(2)步继续执行；

（5）循环结束，执行 for 语句下面的一个语句。

其执行过程如图 5–5 所示。

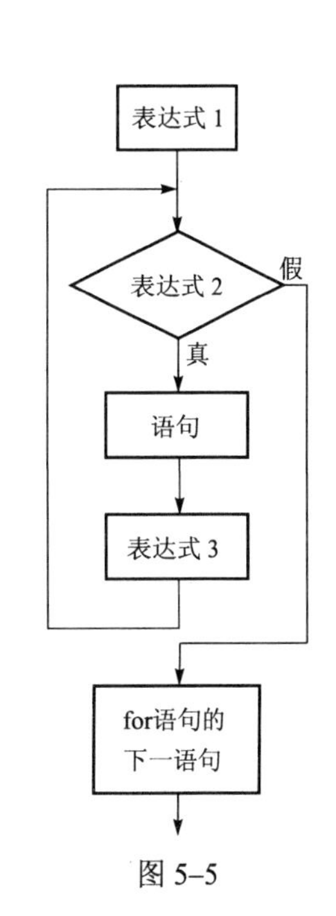

图 5–5

for 语句最简单的应用形式也是最容易理解的形式如下：

for（循环控制变量赋初值；循环条件；循环控制变量增量）

语句;

循环控制变量赋初值总是一个赋值语句, 它用来给循环控制变量赋初值; 循环条件是一个逻辑表达式,它决定什么时候退出循环; 循环控制变量增量定义循环控制变量每循环一次后按什么方式变化。这 3 个部分之间用“；”分开。

例如：

```
sum=0;
for(i=1; i<=100; i++)
   sum=sum+i;
```

先给 i 赋初值 1,判断 i 是否小于等于 100，若是，则执行 "sum=sum+i;"语句,之后 i 增加 1,再重新判断, 直到条件为假,即 i>100

时，结束循环。

相当于：

```
i=1;sum=0;
while (i<=100)
{
    sum=sum+i;
    i++;
}
```

或：

```
i=1;sum=0;
do
{
    sum=sum+i;
    i++;
} while (i<=100) ;
```

即 for 循环的一般形式，相当于：

```
表达式 1;
while (表达式 2)
{
    语句;
    表达式 3;
}
```

或：

```
表达式 1;
do
{
    语句;
    表达式 3;
} while (表达式 2);
```

注意：

（1）for 循环中的“表达式 1（循环控制变量赋初值）”、“表达式 2(循环条件)”和“表达式 3(循环控制变量增量)”都是可选择项，都可以省略，但“;”不能省略。

（2）省略了“表达式 1（循环控制变量赋初值）”，表示不对循环控制变量赋初值，但我们应该在循环之前给循环控制变量赋初值。

（3）省略了“表达式 2(循环条件)”,且循环体中不做其他处理时便成为死循环。

例如：

```
for(i=1;;i++)sum=sum+i;
```

相当于：

```
i=1;
while(1)
{
    sum=sum+i;
    i++;
}
```

（4）省略了“表达式 3(循环控制变量增量)”，则不对循环控制变量进行操作,这时应该在循环体语句中加入修改循环控制变量的语句。

例如：

```
for(i=1;i<=100;)
{
    sum=sum+i;
    i++;
}
```

（5）可以省略 “表达式 1（循环控制变量赋初值)”和“表达式 3(循环控制变量增量)”。

例如：

```
for(;i<=100;)
{
   sum=sum+i;
   i++;
}
```

相当于：

```
while(i<=100)
{
    sum=sum+i;
    i++;
}
```

（6）3 个表达式都可以省略。

例如：

```
for(;; )语句;
```

相当于：

```
while(1)语句;
```

即不设初值，又不判断循环条件(表达式 2 为真)，循环控制变量不增值。无终止地执行循环体语句。

（7）表达式 1 可以是设置循环控制变量的初值的赋值表达式，也可以是其他表达式。

例如：

```
for(sum=0;i<=100;i++)sum=sum+i;
```

（8）表达式 1 和表达式 3 可以是一个简单表达式也可以是逗号表达式。

```
for(sum=0,i=1;i<=100;i++)
    sum=sum+i;
```

或：

```
for(i=0,j=100;i<=100;i++,j--)
    k=i+j;
```

（9）表达式 2 一般是关系表达式或逻辑表达式，但也可以是数值表达式或字符表达式，只要其值非零，就执行循环体语句。

例如：

```
for(i=0;(c=getchar())!='\n';i+=c);
```

又如：

```
for(;(c=getchar())!='\n';)
    printf("%c",c);
```

5.4　多重循环结构的实现

一个循环内又包含另一个完整的循环结构，称为循环的嵌套。内嵌的循环中还可以再嵌套循环，这就是多层循环。各种编程语言中关于循环嵌套的概念是一样的。

【例 5.6】

```
main()
{
    int i, j, k;
    printf("i j k\n");
    for (i=0; i<2; i++)
        for(j=0; j<2; j++)
            for(k=0; k<2; k++)
                printf("%d %d %d\n", i, j, k);
}
```

3 种循环都可以互相嵌套，本例中的 3 层循环均可以由其他循环方式实现。

5.5 break 和 continue 语句

5.5.1 break 语句

break 语句通常用在循环语句和 switch 语句中。当 break 语句用于 switch 语句中时,可使程序跳出 switch 而执行 switch 以后的语句。break 语句在 switch 语句中的用法已在前面介绍 switch 语句时的例子中碰到,这里不再举例。

当 break 语句用于 do-while、for、while 循环语句中时,可使程序终止循环而执行循环后面的语句。通常 break 语句总是与 if 语句连在一起，即当满足条件时便跳出循环，其流程如图 5–6 所示。

【例 5.7】

```
#include <stdio.h>
main()
{
    int i=0;
    char c;
    while(1)                    /*设置循环*/
    {
        c='\0';                 /*变量赋初值*/
        while(c!=13&&c!=27)     /*键盘接收字符直到
                                按回车键或 Esc 键*/
        {
            c=getch();
            printf("%c\n",c);
        }
        if(c==27)
```

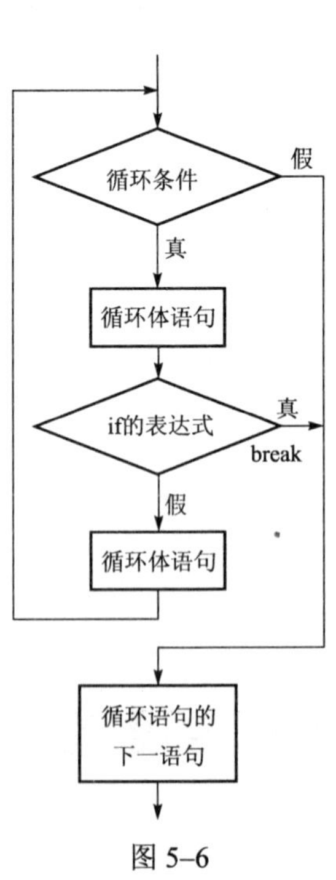

图 5–6

```
            break;                        /*判断，若按 Esc 键则退出循环*/
        i++;
        printf("The No. is %d\n", i);
    }
    printf("The end");
}
```

注意：

（1）break 语句对 if-else 语句不起作用。

（2）在多层循环中，一个 break 语句只向外跳一层，即中断本层循环。

5.5.2　continue 语句

continue 语句的作用是跳过循环体中剩余的语句而强行执行下一次循环，即中断本次循环。continue 语句只用在 for、while、do-while 等循环体中，常与 if 语句一起使用，用来加速循环。其执行过程可用图 5–7 表示。

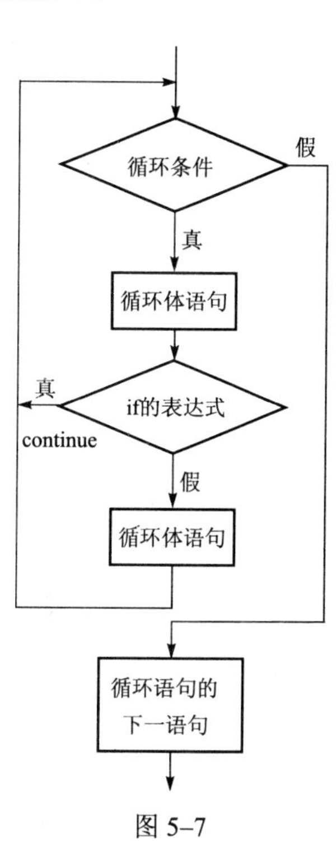

图 5–7

【例 5.8】把 100～200 的不能被 3 整除的数输出。

```
main()
{
    int n;
    for (n=100;n<=200;n++)
    {
        if (n%3==0)continue;
        printf(" %d", n);
    }
}
```

当 n 能被 3 整除时，执行 continue 语句，结束本次循环(即跳过 printf 函数语句)；只有 n 不能被 3 整除时才执行 printf 函数。

当然，例程中循环体也可以改用一个语句处理：

```
    if (n%3!=0) printf("%d", n);
```

在程序中用 continue 语句，无非为了说明 continue 语句的作用。

【例 5.9】分析下面程序段：

```
int x,y;
for (x=1,y=1;x<50;y++)
{
    if (x>=10)break;
    if (x%2==1)
    {
        x+=5;
```

```
        continue;
    }
    x-=3;
}
```

该程序段运行结束时，x 的值为 5。

【例 5.10】验证任一自然数 n 的立方都等于 n 个连续奇数之和。

```
main()
{
    int i,k,k1,m,n;
    scanf("%d",&n);
    while(n)
    {
        k1=1;
        do{
              k=k1;
              m=0;
              for(i=1;i<=n;i++)
              {
                  m+=k;
                  k+=2;
              }
              if(m==n*n*n)
                  break;
              else
                  k1+=2;
          }while(1);
        for(i=1;i<=n;i++)
        {
            printf("%d  ",k1);
            k1+=2;
        }
        printf("\n");
        scanf("%d",&n);
    }
}
```

5.6 goto 语句以及用 goto 语句构成循环

goto 语句是一种无条件转移语句，与 BASIC 中的 goto 语句相似。goto 语句的使用格式为：

goto　语句标号；

其中标号是一个有效的标识符,这个标识符加上一个“：”一起出现在函数内某处，执行 goto 语句后，程序将跳转到该标号处并执行其后的语句。另外标号必须与 goto 语句同处于一个函数中，但可以不在一个循环层中。通常 goto 语句与 if 语句连用，当满足条件时，程序跳到语句标号处运行。

goto 语句通常不提倡使用，主要是因为它将使程序层次不清且不易读，但在多层嵌套退出时，用 goto 语句则比较合理。

【例 5.11】 用 goto 语句和 if 语句构成循环，求 $\sum_{n=1}^{100} n$ 。

```
    main()
    {
        int i,sum=0;
        i=1;
loop:   if(i<=100)
        {
            sum=sum+i;
            i++;
            goto loop;
        }
        printf("%d\n",sum);
    }
```

5.7　循环结构程序举例

【例 5.12】 用 $\frac{\pi}{4}=1-\frac{1}{3}+\frac{1}{5}-\frac{1}{7}+\cdots$ 公式求π，直到最后一项的绝对值小于 10^{-6} 为止。

```
#include<math.h>
main()
{
    int s;
    float n,t,pi;
    t=1,pi=0;n=1.0;s=1;
    while(fabs(t)>1e-6)
    {
        pi=pi+t;
        n=n+2;
        s=-s;
        t=s/n;
```

```
    }
    pi=pi*4;
    printf("pi=%10.6f\n",pi);
}
```

运行结果为：

```
    Pi=  3.141594
```

【例 5.13】判断 m 是否为素数。

这里采用的算法是这样的：让 m 被 i（2 到 k）除（$k=\sqrt{m}$），如果 m 能被 2～k 之中任何一个整数整除，则提前结束循环，此时 i 必然小于或等于 k；如果 m 不能被 2～k 之间的任一整数整除，则在完成最后一次循环后，i 还要加 1，因此 i=k+1，然后才终止循环。在循环之后判别 i 的值是否大于或等于 k+1，若是，则表明未曾被 2～k 之间任一整数整除过，因此输出“是素数”。

```
#include<math.h>
main()
{
    int m,i,k;
    scanf("%d",&m);
    k=sqrt(m+1);              /*加 1 是为了避免在求 k 时可能出现的误差*/
    for(i=2;i<=k;i++)
        if(m%i==0)break;
    if(i>=k+1)
        printf("%d is a prime number\n",m);
    else
        printf("%d is not a prime number\n",m);
}
```

运行情况如下：

```
    29
    29 is a Prime number
```

【例 5.14】求 100 至 200 间的全部素数。

在例 5.13 的基础上，对本例用一个嵌套的 for 循环即可处理。程序如下：

```
#include<math.h>
main()
{
    int m,i,k,n=0;
    for(m=101;m<=200;m=m+2)
    {
        k=sqrt(m);
        for(i=2;i<=k;i++)
            if(m%i==0)break;
```

```
        if(i>=k+1)
        {
            printf("%d",m);
            n=n+1;
        }
        if(n%10==0)printf("\n");
    }
    printf("\n");
}
```

运行结果如下：

```
    101  103  107  109  113  127  131  137  139  149
    151  157  163  167  173  179  181  191  193  197
    199
```

n 的作用是累计输出素数的个数，控制每行输出 10 个数据。

【例 5.15】求 Fibonacci 数列的前 40 个数。

这个数列有如下特点：第 1、2 两个数为 1，从第 3 个数开始的每个数是其前面两个数之和。即:

$f_1=1$　　　　　　（n=1）

$f_2=1$　　　　　　（n=2）

$f_n=f_{n-1}+f_{n-2}$　　　（n≥3）

这是一个有趣的古典数学问题：有一对兔子，从出生后第 3 个月起每个月都生一对兔子，小兔子长到第 3 个月也每个月生一对兔子。假设所有兔子都不死，问每个月的兔子总数为多少？

程序如下：

```
main()
{
    long int f1, f2;
    int i;
    f1=1;f2=1;
    for(i=1; i<=20; i++)
    {
        printf("%12ld %12ld ", f1, f2);
        if(i%2==0) printf("\n");
        f1=f1+f2;
        f2=f2+f1;
    }
}
```

运行结果为：

```
          1            1            2            3
```

```
              5              8             13             21
             34             55             89            144
            233            377            610            987
           1597           2584           4181           6765
          10946          17711          28657          46368
          75025         121393         196418         317811
         514229         832040        1346269        2178309
        3524578       57022887        9227465       14930352
       24157817       39088169       63245986      102334155
```

程序中的输出格式符用“%12ld”，而不是用“%12d”，这是由于在第23个数之后，整数值已超过整数最大值32 767，因此必须用“%ld”格式输出。if语句的作用是使输出4个数后换行。i是循环变量，当i为偶数时换行，而i每增值1，就要计算和输出2个数(f1，f2)，因此i每隔2换一次行相当于每输出4个数后换行输出。

习　　题

一、选择题

1. 以下的 for 循环是（　　）。

for(x=0,y=0;(y!=123)&&(x<4);x++);

A. 无限循环　　B. 循环次数不定

C. 执行 4 次　　D. 执行 3 次

2. 下面有关 for 循环的正确描述是（　　）。

A. for 循环只能是用于循环次数已经确定的情况

B. for 循环是先执行循环语句，后判断表达式

C. 在 for 循环中，不能用 break 语句跳出循环体

D. for 循环的循环体语句中，可以包含多条语句，但要用花括号括起来

3. 对于 for(表达式 1;; 表达式 3) 可理解为（　　）。

A. for(表达式 1; 0; 表达式 3)

B. for(表达式 1; 1; 表达式 3)

C. for(表达式 1; 表达式 1; 表达式 3）

D. for(表达式 1; 表达式 3; 表达式 3)

4. 在 C 语言中，（　　）。

A. 不能使用 do-while 语句构成的循环

B. do-while 语句构成的循环必须用 break 语句才能退出

C. do-while 语句构成的循环，当 while 语句中的表达式值为非零时，结束循环

D. do-while 语句构成的循环，当 while 语句中的表达式值为零时，结束循环

5. C 语言中 while 和 do-while 循环的主要区别是（　　）。

A. do-while 的循环体至少无条件执行一次

B. while 的循环控制条件比 do-while 的循环控制条件严格

C. do-while 允许从外部转到循环体内
D. do-while 的循环体不能是复合语句
6. 以下程序的输出结果是（　　）。

```
#include<stdio.h>
main()
{
    int i;
    for (i=1;i<=5;i++)
    {
        if (i%2)
            printf("*");
        else
            continue;
        printf("#");
    }
    printf("$\n");
}
```

A. *#*#*#$　　B. #*#*#*$　　C. *#*#$　　D. #*#*$

7. 以下的 for 语句构成的循环执行了（　　）次。

```
#include<stdio.h>
#define N 2
#define M N+1
#define NUM (M+1)*M/2
main()
{
    int i,n=0;
    for (i=1;i<=NUM;i++)
        n++;
    printf("%d",n);
    printf("\n");
}
```

A. 5　　B. 6　　C. 8　　D. 9

8. 以下程序的输出结果是（　　）。

```
#include<stdio.h>
main()
{
    int num=0;
    while (num<=2)
    {
```

```
            num++;
            printf("%d\n",num);
        }
    }
```

A. 1　　B. 1 2　　C. 1 2 3　　D. 1 2 3 4

9. 以下程序段（　　）。

```
x=-1;
  do
 {
     x=x*x;
 }
       while(!x);
```

A. 是死循环　　B. 循环执行二次　　C. 循环执行一次　　D. 有语法错误

10. 以下循环体的执行次数是（　　）。

```
main()
{
    int i, j ;
    for (i=0,j=1;i<=j+1;i+=2,j--)
       printf("%d\n",i);
}
```

A. 3　　B. 2　　C. 1　　D. 0

二、填空题

1. 若有定义 char ch; 则执行 while((ch=getchar( ))!='E') printf("#");语句，在输入字符 ABCDEF 时，输出为________________。

2. 若 i 为整型变量，则以下循环语句的执行结果是_________。

```
for (i=0;i= =0;) printf("%d",--i);
```

3. 若有定义 int x = 1；则 while (! x) x *= x；语句的循环体将执行____次。

4. 若有定义 int x=18；则 while (! x) x *= x；语句的循环体将执行____次。

5. 设 a、b 和 c 均为 int 型变量，则下面 for 循环中的 scanf 语句将最多执行____次。

```
for (a=0, b=0; b!=123&&a<3; a++)
    scanf ("%d", &c);
```

6. 设 a、j、k 均为 int 型变量，则执行完以下 for 语句后，k 的值是_________。

```
for (i=0, j=10; i<=j; i++, j- -)
        k=i+j;
```

7. 下面程序的功能是：从键盘上输入若干个学生的某门课程成绩，当输入负数时结束输入，统计并输出全班的人数和平均分。填空将程序补充完整。

```
main( )
{
    float cj,sum,ave;
    int n;
    scanf ("%f",&cj);
    n=0;
    sum=0;
    while (            )
    {
        n=n+1;
        sum=            ;
        scanf ("%f",&cj);
    }
    ave=          ;
    printf ("%d,%f\n",n,ave);
}
```

三、阅读程序，写出结果

1. 下列程序运行后的输出结果是________。

```
#include<stdio.h>
main()
{
    int i,j;
    for (i=4;i>=1;i--)
    {
        printf("*");
        for(j=1;j<=4-i ;j++)
            printf("*");
        printf("\n");
    }
}
```

2. 下列程序运行后的输出结果是 ________。

```
# include<stdio.h>
main()
{
    int i,j,k;
    for(i=1;i<=6;i++)
    {
        for(j=1;j<=20-2*i;j++)
            printf(" ");
```

```
        for(k=1;k<=i;k++)
            printf("%4d",i);
        printf("\n");
    }
}
```

3. 下列程序运行后的输出结果是 ______ 。

```
#include <stdio.h>
main()
{
    int i,j,k;
    for(i=1;i<=6;i++)
     {
        for (j=1;j<=20-3*i;j++)
               printf(" ");
        for (k=1;k<=i;k++)
               printf("%3d",k);
        for(k=i-1;k>0;k--)
            printf("%3d",k);
        printf("\n");
    }
}
```

4. 下列程序运行后的输出结果是 __________ 。

```
#include<stdio.h>
main()
{
    int i,j,k;
    for (i=1;i<=4;i++)
      {
        for (j=1;j<=20-3*i;j++)
               printf(" ");
          for(k=1;k<=2*i-1;k++)
               printf("%3s","*");
        printf("\n");
    }
    for(i=3;i>0;i--)
      {
        for(j=1;j<=20-3*i;j++)
              printf(" ");
        for(k=1;k<=2*i-1;k++)
```

```
            printf("%3s","*");
          printf("\n");
        }
    }
```

5. 下列程序运行后的输出结果是 ________ 。

```
#include <stdio.h>
main()
{
    int i,j,sum,m,n=4;
    sum=0;
    for(i=1;i<=n;i++)
      {
        m=1;
          for(j=1;j<=i;j++)
              m=m*j;
              sum=sum+m;
    }
    printf("sum=%d\n",sum);
}
```

6. 下面程序的运行结果是____。

```
main()
{
    int i=1;
    while (i<15)
        if(++i%3!=2)
            continue;
        else
            printf("%d",i);
    printf("\n");
}
```

7. 下面程序的运行结果是____。

```
main()
{
    int i,j,k;
    char space=' ';
    for(i=0;i<=5;i++)
    {
        for(j=1;j<=i;j++)
            printf("%c",space);
```

```
        for(k=0;k<=5;k++)
            printf("%c",'*');
        printf("\n");
    }
}
```

四、编程题

1. 输入a、b两个整数，计算a～b所有整数的乘积。

2. 输出数码1到20，但不打印4和19。

3. 求1到n之间的所有素数。

4. 编写九九乘法表。

5. 任取1～9中的4个互不相同的数，使它们的和为12，输出所有可能的组合。

6. 一个数如果恰好等于它的因子之和，就称为“完数”。例如，6的因子为1、2、3，而6=1+2+3，因此6是“完数”。编程求出1 000之内的所有完数。

7. 求$\sum_{n=1}^{20} n!$（即求1!+2!+3!+4!+…+20!）。

8. 输出所有的“水仙花数”。所谓“水仙花数”是指一个3位数，其各位数字的立方和等于该数本身。例如，153是一水仙花数，因为$153=1^3+5^3+3^3$。

9. 猴子吃桃问题。猴子第一天摘下若干个桃子，当即吃了一半，还不过瘾，又多吃了一个。第二天早上又将剩下的桃子吃掉一半，又多吃了一个。以后每天早上都吃了前一天剩下的一半零一个。到第10天早上想再吃时，就只剩一个桃子了。问猴子第一天共摘了多少个桃子？

第6章　数　　组

章前导读

小王同学参加了“编程摇篮”的学习，这一天他的系主任请他写程序。

系主任提的第一个要求是：用户输入6个同学的英语成绩，要求程序输出成绩总分和平均分。

“这简单!”小王心想，“在前面的课程里，早就有过数学运算的例子了嘛！为6个学生的英语成绩分别定义一个实型变量，再定义两个变量分别存放总分和平均分，然后用表达式计算就是了。”

第二天小王把写好的程序拿到系主任那里运行，主任的眼睛透过厚厚的眼镜片闪闪发光并且开始打听“没有弯路，编程摇篮”的网址。然后他说：“小王，你这个程序太好了！我们有必要把它发扬光大！你这就把程序稍作修改，扩展到能计算整个学校的5 000个学生的成绩。”

“5 000个学生？那我岂不是要定义5 000个成绩变量。”小王眼前一黑，倒在地上。

处理5 000个学生的成绩，是否需要定义5 000个变量呢?

现实生活中有大量的数据类似于此，它们有相同的类型,需要的处理方法也一样。为了实现对这些数据的统一表达和处理，C语言提供了“数组”这种数据结构。

在程序设计中，为了处理方便，把具有相同类型的若干变量按有序的形式组织起来。这些按序排列的同类数据元素的集合称为数组。在C语言中，数组属于构造数据类型。一个数组可以分解为多个数组元素，这些数组元素可以是基本数据类型、构造类型或是指针类型。因此按数组元素的类型不同，数组又可分为数值数组、字符数组、指针数组、结构数组等。本章介绍数值数组和字符数组，其余的将在以后各章中陆续介绍。

数组是程序设计的工具。

6.1　一维数组

在C语言中使用数组和使用变量一样，必须先进行定义。

6.1.1　一维数组的定义方式

一维数组的定义方式为：

类型说明符 数组名［常量表达式］;

其中：

- 类型说明符可以是任何一种基本数据类型或构造数据类型。
- 数组名是用户定义的数组标识符。
- 方括号中的常量表达式须为整型，其值表示数组元素的个数，也称为数组的长度。

例如：

```
int a[10];              说明整型数组 a，有 10 个元素。
float b[10],c[20];      说明实型数组 b，有 10 个元素；实型数组 c，有 20 个元素。
char ch[20];            说明字符数组 ch，有 20 个元素。
```

对数组的定义应注意以下几点。

（1）数组的类型实际上是指数组元素的取值类型。对于同一个数组，其所有元素的数据类型都是相同的。

（2）数组名的书写规则应符合标识符的书写规定。

（3）数组名不能与其他变量名相同。

例如：

```
main()
{
    int a;
    float a[10];
    …
}
```

是错误的。

（4）不能在方括号中用变量来表示元素的个数，但是可以用符号常量来表示。

例如：

```
#define FD 5
main()
{
    int a[3+2],b[7+FD];
    …
}
```

是合法的。

但是下述说明方式是错误的。

```
main()
{
    int n=5;
    int a[n];
    …
}
```

（5）允许在同一个类型说明中说明多个数组和多个变量。

例如：

```
int a,b,c,d,k1[10],k2[20];
```

6.1.2 一维数组元素的引用

数组元素是组成数组的基本单元。

数组元素引用的一般形式为：

数组名［下标］

其中下标只能为整型常量或整型表达式，如为小数时，将被自动取整。

例如：

```
a[5]
a[i+j]
a[i++]
```

都是合法的数组元素。

数组元素通常也称为下标变量。必须先定义数组，才能使用下标变量。定义数组时，方括号内的数值表明该数组包含几个元素；使用数组时，方括号内的数值表示的是元素的下标。如 int a[5];表示整型数组 a 有 5 个元素：a[0]、a[1]、a[2]、a[3]、a[4]，其中的 0、1、2、3、4 即下标。下标是从 0 开始的。a[4]为下标为 4 的数组元素。

在 C 语言中只能逐个地使用下标变量，而不能一次引用整个数组。例如，输出有 10 个元素的数组必须使用循环语句逐个输出各下标变量，如下面程序段所示：

```
for(i=0; i<10; i++)
    printf("%d",a[i]);
```

输出数组不能用一个语句输出整个数组，即下面的写法是错误的。

```
printf("%d",a);
```

数组名 a 无值，有值的是其元素。数组名 a 代表数组 a 的首地址，即其第一个元素 a[0]的地址&a[0]。

【例 6.1】

```
main()
{
    int i,a[10];
    for(i=0;i<=9;i++)
        a[i]=i;
    for(i=9;i>=0;i--)
        printf("%d ",a[i]);
}
```

【例 6.2】

```
main()
{
    int i,a[10];
    for(i=0;i<10;)
        a[i++]=i;
    for(i=9;i>=0;i--)
        printf("%d",a[i]);
}
```

【例 6.3】

```
main()
```

```
{
    int i,a[10];
    for(i=0;i<10;)
        a[i++]=2*i+1;
    for(i=0;i<=9;i++)
        printf("%d ",a[i]);
    printf("\n%d %d\n",a[5.2],a[5.8]);
}
```

本例中用一个循环语句给 a 数组各元素送入奇数值，然后用第二个循环语句输出各个奇数。在第一个 for 语句中，表达式 3 省略了。在下标变量中使用了表达式 i++，用以修改循环变量。当然第二个 for 语句也可以这样作，C 语言允许用表达式表示下标。程序中最后一个 printf 语句输出了两次 a[5]的值，可以看出当下标不为整数时，下标值将自动取整。

6.1.3 一维数组的初始化

给数组赋值的方法除了用赋值语句对数组元素逐个赋值外，还可采用初始化赋值和动态赋值的方法。

数组初始化赋值是指在数组定义时给数组元素赋予初值。数组初始化是在编译阶段进行的。这样可以减少运行时间，提高效率。

通常也可以在程序执行过程中，对数组作动态赋值。这时可用循环语句配合 scanf 函数对逐个数组元素赋值。

初始化赋值的一般形式为：

类型说明符 数组名［常量表达式］={值，值，…，值}；

其中在{ }中的各数据值即为各元素的初值，各值之间用逗号间隔。

例如：

```
int a[10]={ 0,1,2,3,4,5,6,7,8,9 };
```

相当于 a[0]=0;a[1]=1，…，a[9]=9；

C 语言对数组的初始化赋值还有以下几点规定。

（1）可以只给部分元素赋初值。

当{ }中值的个数少于元素个数时，只给前面部分元素赋值。

例如：

```
int a[10]={0,1,2,3,4};
```

表示只给 a[0]～a[4]5 个元素赋值，而后 5 个元素自动赋 0 值（存储类型为 static 时）。

（2）只能给元素逐个赋值，不能给数组整体赋值。

例如给 10 个元素全部赋 1 值，只能写为：

```
int a[10]={1,1,1,1,1,1,1,1,1,1};
```

而不能写为：

```
int a[10]=1;
```

（3）如给全部元素赋值，则在数组说明中，可以不给出数组元素的个数。

例如：

```
int a[5]={1,2,3,4,5};
```

可写为：

```
int a[]={1,2,3,4,5};
```

6.1.4　一维数组程序举例

【例 6.4】 用键盘输入 10 个整数，输出其中的最大值。

```
main()
{
    int i,max,a[10];
    printf("input 10 numbers:\n");
    for(i=0;i<10;i++)
        scanf("%d",&a[i]);
    max=a[0];
    for(i=1;i<10;i++)
        if(a[i]>max) max=a[i];
    printf("maxnum=%d\n",max);
}
```

例 6.4 程序中第一个 for 语句逐个输入 10 个数到数组 a 中，然后把 a[0]送入 max 中。在第二个 for 语句中，a[1]到 a[9]逐个与 max 中的内容比较，若比 max 的值大，则把该下标变量送入 max 中，因此 max 在已比较过的下标变量中总是为最大者。比较结束，输出的 max 值即为 10 个整数的最大值。

【例 6.5】 用数组来处理求 Fibonacci 数列的问题。

```
main()
{
    int i;
    int f[20]={1, 1};
    for(i=2; i<20;i++)
        f[i]=f[i-2]+f[i-1];
    for(i=0;i<20;i++)
    {
        if(i%5==0) printf("\n");
        printf("%12d", f[i]);
    }
}
```

运行结果如下：

```
           1           1           2           3           5
           8          13          21          34          55
          89         144         233         377         610
         987        1597        2584        4181        6765
```

if 语句用来控制换行，每行输出 5 个数据。

【例 6.6】用冒泡法对 10 个数排序(由小到大)。

冒泡法的思路是：将相邻两个数比较，将小的调到前面，如图 6–1（a）所示。

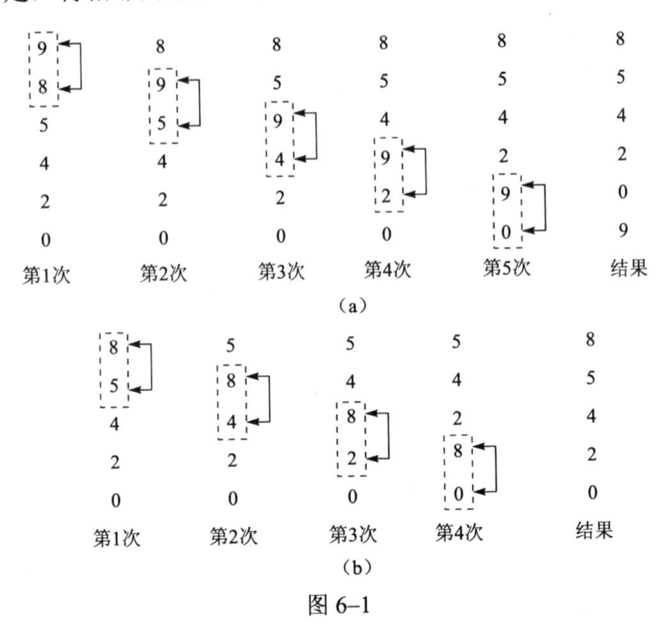

（a）

（b）

图 6–1

若有 6 个数，第 1 次将 8 和 9 对调，第 2 次将第 2 和第 3 个数(9 和 5)对调……如此共进行 5 次，得到 8　5　4　2　0　9 的顺序。可以看到：最大的数 9 已“沉底”，成为最下面一个数，而小的数则“上升”。最小的数 0 已向上“浮起”一个位置，经第 1 趟(共 5 次)后，已得到最大的数。然后进行第 2 趟比较，对余下的前面 5 个数按上法进行比较，如图 6–1（b）所示。经过 4 次比较，得到次大的数 8。如此进行下去。可以推知，对 6 个数要比较 5 趟，才能使 6 个数按大小顺序排列。在第 1 趟中要进行两个数之间的比较共 5 次，在第 2 趟中要比较 4 次……第 5 趟要比较 1 次。如果有 n 个数，则要进行 n-1 趟比较。在第 1 趟要进行 n–1 次两两比较，在第 j 趟要进行 n–j 次两两比较。根据这个思路写出程序(今设 n=10)，定义数组长度为 11，本例中对 a［0］不用，只用 a［1］到 a［10］，以符合人们的习惯。

```
main()
{
    int a[11];
    int i, j, t;
    printf("input 10 numbers:\n");
    for (i=1;i<11;i++)
        scanf("%d", &a[i]);
    printf("\n");
    for(j=1; j<=9; j++)
        for(i=1; i<=10-j; i++)
            if (a[i]>a[i+1])
```

```
            {t=a[i];a[i]=a[i+1];a[i+1]=t;}
    printf("the sorted numbers :\n");
    for(i=1;i<11;i++)
        printf("%d ",a[i]);
}
```

运行情况如下：

```
input 10 numbers:
1 0 4 8 12 65 -76 100 -45 123
the sorted numbers:
-76 -45 0 1 4 8 12 65 100 123
```

【例6.7】选择法排序及其改进。

设待排序的n个数据存于数组a，则程序段：

```
...
for(i=0;i<n-1;i++)                 /*需n-1趟 */
    for(j=i+1;j<n;j++)             /*第i趟需比较n-i次 */
        if(a[i]<a[j])              /*以a[i]为基准与其余的逐个比较 */
        {
            t=a[i];
            a[i]=a[j];
            a[j]=t;
        }
...
```

即可完成从大到小的排序。

改进方法：

```
...
for(i=0;i<n-1;i++)
{
    k=i;
    for(j=i+1;j<n;j++)
        if(a[k]<a[j])
            k=j;                /* 保留当前较大元素的下标 */
    if(k!=i)
    {
        t=a[i];
        a[i]=a[k];
        a[k]=t;
    }
}
...
```

使每趟的“交换”最多进行一次，从而提高了执行效率。

请从以上 3 例中体会程序设计的思想、方法和技巧，体会使用数组这种程序设计工具的好处和“程序=数据结构+算法”的含义。

6.2 二维数组

6.2.1 二维数组的定义

前面介绍的数组只有一个下标，称为一维数组，其数组元素也称为单下标变量。在实际问题中有很多量是二维的或多维的，因此C语言允许构造多维数组。多维数组元素有多个下标，以标识它在数组中的位置，所以也称为多下标变量。本小节只介绍二维数组，多维数组可由二维数组类推而得到。

二维数组定义的一般形式是：

类型说明符　数组名［常量表达式 1］［常量表达式 2］;

其中常量表达式 1 表示第一维下标的长度，常量表达式 2 表示第二维下标的长度。

例如：

```
int a[3][4];
```

说明了一个 3 行 4 列的数组，数组名为 a，其下标变量的类型为整型。该数组的下标变量共有 3×4 个，即：

```
a[0][0],a[0][1],a[0][2],a[0][3]
a[1][0],a[1][1],a[1][2],a[1][3]
a[2][0],a[2][1],a[2][2],a[2][3]
```

二维数组在概念上是二维的，即是说其下标在两个方向上变化。下标变量在数组中的位置也处于一个平面之中，而不是像一维数组只是一个向量。但是，实际的硬件存储器却是连续编址的，也就是说存储器单元是一维线性排列的。在一维存储器中存放二维数组，可有两种方式：一种是按行排列，即放完一行之后顺次放入第二行；另一种是按列排列，即放完一列之后再顺次放入第二列。在C语言中，二维数组是按行排列的。即先存放 a[0]行，再存放 a[1]行，最后存放 a[2]行。每行中有 4 个元素也依次存放。由于数组 a 说明为 int 类型，该类型占两个字节的内存空间，所以每个元素均占两个字节。

6.2.2 二维数组元素的引用

二维数组的元素也称为双下标变量，其表示的形式为：

数组名［下标］［下标］

其中下标应为整型常量或整型表达式。

例如：

```
a[2][3]
```

表示 a 数组第三行第四列的元素。

数组说明和数组元素在形式中有些相似，但这两者具有完全不同的含义。数组说明的方括号中给出的是某一维的长度；而数组元素中的下标是该元素在数组中的位置标识。前者只能是常量，后者可以是常量、变量或表达式。

数组是一种构造类型的数据。二维数组可以看作是由一维数组嵌套而构成的。一维数组的每个元素又都是一个一维数组，就构成了二维数组。当然，前提是各元素类型是相同的。根据这样的分析，一个二维数组就可以分解为多个一维数组，C 语言允许这种分解。

如二维数组 a[3][4]，可分解为 3 个一维数组，其数组名分别为：

```
a[0]
a[1]
a[2]
```

对这 3 个一维数组不需另作说明即可使用。这 3 个一维数组都有 4 个元素，例如，一维数组 a[0]的元素为 a[0][0],a[0][1],a[0][2],a[0][3]。

必须强调的是，a[0],a[1],a[2]不能当做下标变量来使用，它们是数组名，不是一个单纯的下标变量。数组名 a 无值，有值的是其元素。数组名 a 代表数组 a 的首地址，即其第一个元素的地址&a[0][0]，也就是 a[0]。

【例 6.8】 一个学习小组有 5 个人，每个人有 3 门课的考试成绩，具体成绩见表 6–1。求全组分科的平均成绩和各科总平均成绩。

表 6–1　学习小组中每个人的考试成绩

姓名	张	王	李	赵	周
Math	80	61	59	85	76
C	75	65	63	87	77
Foxpro	92	71	70	90	85

可设一个二维数组 a[5][3]存放 5 个人 3 门课的成绩，再设一个一维数组 v[3]存放所求得的各分科平均成绩，设变量 average 为全组各科总平均成绩。编程如下：

```
main()
{
    int i,j,s=0,average,v[3],a[5][3];
    printf("input score\n");
    for(i=0;i<3;i++)
    {
        for(j=0;j<5;j++)
        {
            scanf("%d",&a[j][i]);
            s=s+a[j][i];
        }
        v[i]=s/5;
        s=0;
    }
    average=(v[0]+v[1]+v[2])/3;
```

```
    printf("math:%d\nc anguag:%d\nFoxpro:%d\n",v[0],v[1],v[2]);
    printf("total:%d\n", average );
}
```

程序中首先用了一个双重循环。在内循环中依次读入各个学生的某一门课程（第一门课程的下标 i 为 0）的成绩，并把这些成绩累加起来，退出内循环后再把该累加成绩除以 5 送入 v[i]之中，这就是该门课程的平均成绩。外循环共循环 3 次，分别求出 3 门课各自的平均成绩并存放在 v 数组的 v[0]、v[1]、v[2]之中。退出外循环之后，把 v[0]、v[1]、v[2]相加除以 3 即得到各科总平均成绩。最后按题意输出各个成绩。

6.2.3 二维数组的初始化

二维数组初始化也是在类型说明时给各下标变量赋以初值。二维数组可按行分段赋值，也可按行连续赋值。

例如对数组 a[5][3]

（1）按行分段赋值可写为：

```
int a[5][3]={ {80,75,92},{61,65,71},{59,63,70},{85,87,90},
{76,77,85} };
```

（2）按行连续赋值可写为：

```
int a[5][3]={ 80,75,92,61,65,71,59,63,70,85,87,90,76,77,85};
```

这两种赋初值的结果是完全相同的。

【例 6.9】二维数组的初始化。

```
main()
{
    int i,j,s=0, average,v[3];
    int a[5][3]={{80,75,92},{61,65,71},{59,63,70},{85,87,90},
    {76,77,85}};
    for(i=0;i<3;i++)
    {
        for(j=0;j<5;j++)
            s=s+a[j][i];
        v[i]=s/5;
        s=0;
    }
    average=(v[0]+v[1]+v[2])/3;
    printf("math:%d\nc languag:%d\nFoxpro:%d\n",v[0],v[1],v[2]);
    printf("total:%d\n", average);
}
```

对于二维数组初始化赋值还有以下说明。

（1）可以只对部分元素赋初值，未赋初值的元素自动取 0 值（存储类型为 static 时）。

例如：

```
int a[3][3]={{1},{2},{3}};
```

是对每一行的第一列元素赋值，未赋值的元素取 0 值，赋值后各元素的值为：

```
1 0 0
2 0 0
3 0 0
int a [3][3]={{0,1},{0,0,2},{3}};
```

赋值后的元素值为：

```
0 1 0
0 0 2
3 0 0
```

（2）如对全部元素赋初值，则第一维的长度可以省略。

例如：

```
int a[3][3]={1,2,3,4,5,6,7,8,9};
```

可以写为：

```
int a[][3]={1,2,3,4,5,6,7,8,9};
```

6.2.4　二维数组程序举例

【例 6.10】将一个二维数组行和列元素互换，存到另一个二维数组中。

程序如下：

```
main()
{
   int a[2][3]={{1,2,3},{4,5,6}};
   int b[3][2], i, j;
   printf("array a:\n");
   for (i=0;i<=1;i++)
   {
      for (j=0;j<=2;j++)
      {
         printf("%5d", a[i][j]);
         b[j][i]=a[i][j];
      }
      printf("\n");
   }
   printf("array b:\n");
   for (i=0;i<=2,i++)
      {
         for(j=0;j<=1;j++)
            printf("%5d",b[i][j]);
         printf("\n");
```

```
    }
}
```

运行结果如下：

```
array a:
    1    2    3
    4    5    6
array b:
    1    4
    2    5
    3    6
```

6.3 字符数组

用来存放字符数据的数组是字符数组。字符数组中的一个元素存放一个字符。

6.3.1 字符数组的定义

形式与前面介绍的数值数组相同。

例如：

```
char c[10];
```

由于字符型和整型通用，也可以定义为 int c[10]，但这时每个数组元素占 2 个字节的内存单元。

字符数组也可以是二维或多维数组。

例如：

```
char c[5][10];
```

即为二维字符数组。

6.3.2 字符数组的初始化

字符数组也允许在定义时作初始化赋值。

例如：

```
char c[10]={'c', ' ','p','r','o','g','r','a','m'};
```

赋值后各元素的值为：

c[0]的值为'c'　　c[1]的值为' '　　c[2]的值为'p'
c[3]的值为'r'　　c[4]的值为'0'　　c[5]的值为'g'
c[6]的值为'r'　　c[7]的值为'a'　　c[8]的值为'm'

其中 c[9]未赋值，系统自动赋予空操作字符(存储类型为 static 时)，而空操作字符的 ASCII 代码值为 0。

当对全体元素赋初值时也可以省去长度说明。例如：

```
char c[]={'c',' ','p','r','o','g','r','a','m'};
```

这时 C 数组的长度自动定为 9。

初值个数大于数组长度时，按语法错误处理。

6.3.3 字符数组的引用

【例 6.11】引用字符数组元素。

```
main()
{
    int i,j;
    char a[][5]={{'B','A','S','I','C',},{'d','B','A','S','E'}};
    for(i=0;i<=1;i++)
    {
        for(j=0;j<=4;j++)
            printf("%c",a[i][j]);
        printf("\n");
    }
}
```

本例的二维字符数组由于在初始化时全部元素都赋以初值，因此第一维下标的长度可以不加以说明。

6.3.4 字符串和字符串结束标志

在C语言中没有专门的字符串变量，通常用一个字符数组来存放一个字符串。前面介绍字符串常量时，已说明字符串总是以"\0'作为串的结束符。因此当把一个字符串存入一个数组时，也把结束符'\0'存入数组，并以此作为该字符串是否结束的标志。有了'\0'标志后，就不必再用字符数组的长度来判断字符串的长度了。

C语言允许用字符串的方式对数组作初始化赋值。

例如：

```
char c[]={'c', ' ','p','r','o', 'g', 'r', 'a', 'm'};
```

可写为：

```
char c[]={"C program"};
```

或去掉{}写为：

```
char c[]="C program";
```

用字符串方式赋值比用字符逐个赋值要多占一个字节，用于存放字符串结束标志'\0'。上面的数组c在内存中的实际存放情况为：

C		p	r	o	g	r	a	m	\0

'\0'是由C编译系统自动加上的。由于采用了'\0'标志，所以在用字符串赋初值时一般无须指定数组的长度，而由系统自行处理。

6.3.5 字符数组的输入/输出

在采用字符串方式后，字符数组的输入/输出将变得简单方便。

除了上述用字符串赋初值的办法外，还可用printf函数和scanf函数一次性输出/输入一个字符数组中的字符串，而不必使用循环语句逐个地输入/输出其每个字符。

【例6.12】 输出一个字符串。

```
main()
{
    char c[]="BASIC\ndBASE";
    printf("%s\n",c);
}
```

注意在本例的printf函数中，使用的格式字符串为"%s"，表示输出的是一个字符串。而在输出列表中给出数组名即可，不能写为：

```
    printf("%s",c[]);
```

【例6.13】 字符串的输入和输出。

```
main()
{
    char st[15];
    printf("input string:\n");
    scanf("%s",st);
    printf("%s\n",st);
}
```

例6.13中由于定义数组长度为15，因此输入的字符串长度必须小于15，以留出一个字节用于存放字符串结束标志'\0'。应该说明的是，对一个字符数组，如果不作初始化赋值，则必须说明数组长度。还应该特别注意的是，当用scanf函数输入字符串时，字符串中不能含有空格，否则将以空格作为串的结束符。

例如当输入的字符串中含有空格时，运行情况为：

```
    input string:
    this is a book
```

输出为：

```
    this
```

从输出结果可以看出空格以后的字符都未能输出。为了避免这种情况的发生，可多设几个字符数组分段存放含空格的字符串。

多个字符串的输入和输出程序可将例6.13改写为例6.14。

【例6.14】

```
main()
{
    char st1[6],st2[6],st3[6],st4[6];
    printf("input string:\n");
    scanf("%s%s%s%s",st1,st2,st3,st4);
    printf("%s %s %s %s\n",st1,st2,st3,st4);
}
```

本程序分别声明了4个数组，输入的一行字符以空格分隔，分别装入4个数组，然后分别输出这4个数组中的字符串。

在前面介绍过，scanf的各输入项必须以地址方式出现，如&a，&b等。但在例6.14中却是以数组名方式出现的，这是为什么呢?

这是由于在C语言中，数组名就代表了该数组的首地址。整个数组都是以首地址开头的一块连续的内存单元。

如有字符数组char c[10]，在内存中可表示为：

C[0]	C[1]	C[2]	C[3]	C[4]	C[5]	C[6]	C[7]	C[8]	C[9]

设数组c的首地址为2000，也就是说c[0]单元地址为2000。则数组名c就代表这个首地址，因此在c前面不能再加地址运算符&。如写作scanf("%s",&c);则是错误的。 在执行函数printf("%s",c) 时，按数组名c找到首地址，然后逐个输出数组中各个字符直到遇到字符串结束标志'\0'为止。

6.3.6 字符串处理函数

C语言提供了丰富的字符串处理函数，大致可分为字符串的输入、输出、合并、修改、比较、转换、复制、搜索几类。使用这些函数可大大减轻编程的负担。用于输入/输出的字符串函数，在使用前应包含头文件"stdio.h"，使用其他字符串函数则应包含头文件"string.h"。

下面介绍几个最常用的字符串函数。

1. 字符串输出函数puts

格式：**puts （字符数组名）**

功能：把字符数组中的字符串输出到显示器，即在屏幕上显示该字符串。

【例6.15】

```
#include "stdio.h"
main()
{
    char c[]="BASIC\ndBASE";
    puts(c);
}
```

从程序中可以看出puts函数中可以使用转义字符，因此输出结果成为两行。puts函数完全可以由printf函数取代，当需要按一定格式输出时，通常使用printf函数。

2. 字符串输入函数gets

格式：**gets （字符数组名）**

功能：从标准输入设备键盘上输入一个字符串。

本函数得到一个函数值，即为该字符数组的首地址。

【例6.16】字符串输入。

```
#include <stdio.h>
main()
```

```
{
    char st[15];
    printf("input string:\n");
    gets(st);
    puts(st);
}
```

运行情况为：

```
    input string:
    this is a book
```

输出为：

```
    this is a book
```

可以看出，当输入的字符串中含有空格时，输出仍为全部字符串。这说明 gets 函数并不以空格作为字符串输入结束的标志，而只以回车作为输入结束的标志，这与 scanf 函数是不同的。

3. 字符串连接函数 strcat

格式：**strcat（字符数组名 1，字符数组名 2）**

功能：把字符数组 2 中的字符串连接到字符数组 1 中字符串的后面，并删去字符串 1 后的字符串结束标志'\0'。本函数返回值是字符数组 1 的首地址。

【例 6.17】字符串连接。

```
#include<string.h>
main()
{
    char st1[30]="My name is ";
    int st2[10];
    printf("input your name:\n");
    gets(st2);
    strcat(st1,st2);
    puts(st1);
}
```

本程序把初始化赋值的字符数组与动态赋值的字符串连接起来。要注意的是，字符数组 1 应定义足够的长度，否则不能全部装入被连接的字符串。

4. 字符串复制函数 strcpy

格式：**strcpy （字符数组名 1，字符数组名 2）**

功能：把字符数组 2 中的字符串复制到字符数组 1 中，字符串结束标志'\0'也一同复制。字符数组名 2，也可以是一个字符串常量，这时相当于把一个字符串赋予一个字符数组。

【例 6.18】字符串复制。

```
#include <string.h>
main()
```

```
{
    char st1[15],st2[]="C Language";
    strcpy(st1,st2);
    puts(st1);printf("\n");
}
```

本函数要求字符数组1应有足够的长度，否则不能全部装入所复制的字符串。

5. 字符串比较函数 strcmp

格式：**strcmp(字符数组名1，字符数组名2)**

功能：按照ASCII码的顺序比较两个数组中的字符串，并由函数返回值返回比较结果，共有以下几种结果。

（1）字符串1＝字符串2，返回值＝0。

（2）字符串1>字符串2，返回值>0。

（3）字符串1<字符串2，返回值<0。

本函数也可用于两个字符串常量的比较，或字符数组和字符串常量的比较。

【例6.19】字符串比较。

```
#include <string.h>
main()
{
    int k;
    char st1[15],st2[]="C Language";
    printf("input a string:\n");
    gets(st1);
    k=strcmp(st1,st2);
    if(k==0) printf("st1=st2\n");
    if(k>0) printf("st1>st2\n");
    if(k<0) printf("st1<st2\n");
}
```

本程序中把输入的字符串和数组st2中的字符串比较，比较结果返回到k中，根据k的值再输出结果提示字符串。当输入为dbase时，由ASCII 码可知"dbase"大于"C Language"，故k>0,输出结果"st1>st2"。

6. 测字符串长度函数 strlen

格式：**strlen（字符数组名）**

功能：测字符串的实际长度(不含字符串结束标志'\0') 并作为函数的返回值。

【例6.20】测字符串长度。

```
#include <string.h>
main()
{
    int k;
```

```
    char st[]="C language";
    k=strlen(st);
    printf("The lenth of the string is %d\n",k);
}
```

6.4 数组程序举例

【例 6.21】把一个整数按大小顺序插入已排好序的数组中。

为了把一个整数按大小顺序插入已排好序的数组中，应首先确定排序是从大到小还是从小到大进行的。设排序是从大到小进行的，则可把欲插入的数与数组中各元素逐个比较，当找到第一个比插入数小的元素 i 时，即确定该元素之前为插入位置。然后从数组最后一个元素开始到该元素为止，逐个后移一个单元。最后把插入的数赋予元素 i 即可。如果欲插入数比所有的元素值都小则插入最后位置。

```
main()
{
    int i,j,p,q,s,n,a[11]={127,3,6,28,54,68,87,105,162,18};
    for(i=0;i<10;i++)      /*此循环实现数组前 10 个元素的排序并输出*/
    {
        p=i;q=a[i];
        for(j=i+1;j<10;j++)
            if(q<a[j]) {p=j;q=a[j];}
        if(p!=i)
        {
            s=a[i];
            a[i]=a[p];
            a[p]=s;
        }
        printf("%d  ",a[i]);
    }
    printf("\ninput number:\n");
    scanf("%d",&n);
    for(i=0;i<10;i++)     /*此循环实现将 n 按大小顺序插入已排好序的数组中*/
        if(n>a[i])        /*找到第一个小于 n 的数组元素 a[i]*/
        {
            for(s=9;s>=i;s--)  /*将 a[i]及后面的元素依次向后移动一个位置*/
                a[s+1]=a[s];
            break;
        }
    a[i]=n;                        /*将 n 放到原 a[i]所在的位置*/
```

```
    for(i=0;i<=10;i++)          /*打印输出插入n后的整个数组*/
        printf("%d ",a[i]);
    printf("\n");
}
```

本程序首先对数组a中的10个数从大到小排序并输出排序结果，然后输入要插入的整数n，再用一个for语句把n和数组元素逐个比较，如果发现有n>a[i]时，则由一个内循环把a[i]以后的各元素值依次后移一个单元，后移应从后向前进行(从a[9]开始到a[i]为止)。后移结束跳出外循环。插入点为i，把n赋予a[i]即可。 如所有的元素均大于欲插入数，则无须进行后移操作，此时i=10，结果是把n赋予a[10]。最后一个循环输出插入数后的数组各元素值。

程序运行时，输入数47。从结果中可以看出47已插入到54和 28之间。

【例6.22】在二维数组a中选出各行最大的元素组成一个一维数组b。

本题的编程思路是：在数组a的每一行中寻找最大的元素，找到之后把该值赋予数组b相应的元素即可。程序如下：

```
main()
{
    int a[][4]={3,16,87,65,4,32,11,108,10,25,12,27};
    int b[3],i,j,t;
    for(i=0;i<=2;i++)
    {
        t=a[i][0];
        for(j=1;j<=3;j++)
            if(a[i][j]>t) t=a[i][j];
        b[i]=t;
    }
    printf("\narray a:\n");
    for(i=0;i<=2;i++)
    {
        for(j=0;j<=3;j++)
            printf("%5d",a[i][j]);
        printf("\n");
    }
    printf("\narray b:\n");
    for(i=0;i<=2;i++)
        printf("%5d",b[i]);
    printf("\n");
}
```

程序中第一个for循环语句中又嵌套了一个for循环语句，组成了双重循环。外层循环控制逐行处理，并把每行的第0列元素赋予t。进入内循环后，把t与后面各列元素比较，并把比t大的数赋予t。内循环结束时，t即为该行最大的元素，然后把t值赋予b[i]。等外循环全部完成时，数组 b 中已装入了 a 各行中的最大值。后面的两个 for 语句分别输出数组 a 和数组 b。

【例 6.23】 输入 5 个国家的名称，将它们按字母顺序排列输出。

本题编程思路如下：5 个国家名应由一个二维字符数组来处理。然而 C 语言规定可以把一个二维数组当成多个一维数组处理，因此本题又可以按 5 个一维数组来处理，而每一个一维数组就是一个国家名的字符串。用字符串比较函数比较各一维数组的大小，并排序，输出结果即可。

编程如下：

```
#include <stdio.h>
#include <string.h>
main()
{
    char st[20],cs[5][20];
    int i,j,p;
    printf("input country's name:\n");
    for(i=0;i<5;i++)
        gets(cs[i]);
    printf("\n");
    for(i=0;i<5;i++)
    {
        p=i;strcpy(st,cs[i]);
        for(j=i+1;j<5;j++)
            if(strcmp(cs[j],st)<0) {p=j;strcpy(st,cs[j]);}
        if(p!=i)
        {
            strcpy(st,cs[i]);
            strcpy(cs[i],cs[p]);
            strcpy(cs[p],st);
        }
        puts(cs[i]);
        printf("\n");
    }
    printf("\n");
}
```

本程序的第一个 for 语句中，用 gets 函数输入 5 个国家名的字符串。上面说过 C 语言允许把一个二维数组按多个一维数组处理，本程序中 cs[5][20]为二维字符数组，可分为 5 个一维数组 cs[0]，cs[1]，cs[2]，cs[3]，cs[4]。因此在 gets 函数中使用 cs[i]是合法的。 在第二个 for 语句中又嵌套了一个 for 语句组成双重循环。这个双重循环完成按字母顺序排序的工作。在外层循环中把字符数组 cs[i]中的国名字符串复制到数组 st 中，并把下标 i 赋予 P。进入内层循环后，把 st 与 cs[i]以后的各字符串作比较，若有比 st 小的则把该字符串复制到 st 中，并把其下标赋予 p。内循环完成后如 p 不等于 i，说明有比 cs[i]更小的字符串 cs[p]，则交换 cs[i]和 cs[p],然后输出该字符串 cs[i]。在外循环全部完成之后即完成全部排序和输出。

习 题

一、选择题

1. 以下关于数组的描述中正确的是（ ）。

A. 数组的大小是固定的，但可以有不同类型的数组元素

B. 数组的大小是可变的，但所有数组元素的类型必须相同

C. 数组的大小是固定的，所有数组元素的类型必须相同

D. 数组的大小是可变的，可以有不同类型的数组元素

2. 以下一维数组 a 的正确定义是（ ）。

A. int a(10);

B. int n=10,a[n];

C. int n;
   scanf("%d",&n);
   int a[n];

D. #define SIZE 10
   int a[SIZE];

3. 在定义 int a[10]; 之后，以下对 a 的引用中正确的是（ ）。

A. a[10]　　B. a[6.3]　　C. a(6)　　D. a[10-10]

4. 以下对二维数组 a 进行正确初始化的是（ ）。

A. int a[2][3]={{1,2},{3,4},{5,6}};

B. int a[ ][3]={1,2,3,4,5,6};

C. int a[2][ ]={1,2,3,4,5,6};

D. int a[2][ ]={{1,2},{3,4}};

5. 以下对二维数组 a 进行不正确初始化的是（ ）。

A. int a[ ][3]={3,2,1,1,2,3};

B. int a[ ][3]={{3,2,1},{1,2,3}};

C. int a[2][3]={{3,2,1},{1,2,3}};

D. int a[ ][ ]={{3,2,1},{1,2,3}};

6. 以下对字符数组 word 进行不正确初始化的是（ ）。

A. static char word[ ]="Turbo";

B. static char word[ ]={'T', 'u', 'r', 'b', 'o', '0'};

C. static char word[ ]={"Turbo\0"};

D. static char word[ ]=Turbo;

7. 在定义 int a[5][4]; 之后，以下对 a 的引用中正确的是（ ）。

A. a[2][4]　　B. a[5][0]　　C. a[0][0]　　D. a[0,0]

8. 以下正确的定义语句是（ ）。

A. int A['a'];　　B. int A[3,4];　　C. int A[ ][3];　　D. int A[10];

9. 以下给字符数组 str 的定义和赋值中，正确的是（ ）。

A. char str[10];
   str="China";

B. char str[]={"China"};

C. char str[10];

strcpy(str,"abcdefghijklmn");

D. char str[10]={"abcdefghijklmn");

10. 执行 int a[][3]={1,2,3,4,5,6}; 语句后，a[1][0] 的值是（　　）。

A. 4　　B. 1　　C. 2　　D. 5

11. 执行 int a[][3]={{1,2},{3,4}}; 语句后，a[1][2] 的值是（　　）。

A. 3　　B. 4　　C. 0　　D. 2

12. 执行 char str[10]="China\0";strlen(str); 的结果是（　　）。

A. 5　　B. 6　　C. 7　　D. 9

二、填空题

1. 设有说明语句 char a[3][10]; int b[2][5][7]; 则数组 a 的长度是______，数组 b 的长度是__________。

2. 若在程序中用到 gets( )函数，则须在程序开头写上包含命令_________;若用到 strcpy( )函数，则须在程序开头写上包含命令___________。

3. 若有定义 double m[20]; 则 m 数组元素的最小下标是________，最大下标是_______ 。

4. 若有定义 int a[3][5]={{0,1,2,3,4},{3,2,1,0},{0}}; 则 a[1][2]的值是_______，a[2][1]的值是__________。

5. 在 C 语言中，二维数组元素在内存中的存放顺序是按_________存放的。

6. 若有说明 static char str[ ]＝" abcdefghij "； 请写出以下各 printf 语句的输出结果。

（1）printf（"%%%20s%% \n"，str）; _________。

（2）printf（"%%%-20s%% \n"，str）; ___________。

7. 如下函数用于确定一个给定字符串 str 的长度，请填空。

```
strlen(str)
char str[ ];
{
   int num;
   num=0;
   while (____) ++num;
   return (____);
}
```

8. 如下函数用于求一个 2×4 矩阵中的最大元素值，请填空。

```
max_ value (arr)
int arr[ ][4];
{
    int i, j, max;
    max=art[0][0];
    for (i=0; ____; i++)
       for (j=0; ____; j++)
          if (____>max) max=          ;
    return (max);
}
```

三、阅读程序，写出结果

1. 下列程序的输出结果是____________。

```
main ( )
{
char  arr[ ]= "hello \0 world!";
    printf("%s ",arr ) ;
}
```

2. 下列程序的输出结果是____________。

```
#define  N  3
main ( )
{
    int a[N],i;
    for(i=0;i<N;i+ +)
       a[i]=N+1;
    for(i=0;i<N;i+ +)
       printf("%d,",a[i]);
 }
```

3. 下列程序的输出结果是____________。

```
main( )
{
int x[ ]={2,3,4,5,6,7} ;
     int i,j,p,t;
     for(i=3;i<5;i++)
     {
        p=i;
        for  (j=i+1;j<=5;j++)
             if(x[j]>x[p])
                 p=j;
        t=x[p];x[p]=x[i];x[i]=t;
     }
     for(i=0;i<=5;i++)
        printf  ("%d",x[i]);
}
```

4. 下列程序的输出结果是____________ 。

```
main( )
{
    int  i,j,s1=0,s2=0,a[ ][3]={1,2,3,4,5,6,7,8,9};
    for  (i=0;i<3;i++ )
         for(j=0;j<3;j  +  +)
         {
             if(i= =j)s1+=a[i][j];
```

```
            if(i+j= =2)s2+=a[i][j];
        }
    printf ( "s1=%d,s2=%d\n",s1,s2);
}
```

5. 以下程序执行的结果是____________。

```
#include<stdio.h>
main()
{
    int a[ ]={1,2,3,4},i,j,s=0;
    j=1;
    for(i=3;i>=0;i--)
    {
       s=s+a[i]*j;
       j=j*10;
    }
    printf("s=%d\n",s);
}
```

6. 以下程序执行的结果是_________。

```
main( )
{
     int i,a[10];
     for(i=9; i>=0; i--)
         a[i]=10-i;
     printf("%d%d%d\n",a[2],a[5],a[8]);
}
```

四、编程题

1. 计算并分别打印出100～500的奇数之和以及偶数之和。
2. 编程实现以下操作：在一个二维数组a[3][5]中存放如下矩阵：

$$\begin{pmatrix} 1 & 2 & 3 & 4 & 5 \\ 6 & 7 & 8 & 9 & 10 \\ 11 & 12 & 13 & 14 & 15 \end{pmatrix}$$

然后将该矩阵转置并将结果存入数组b[5][3]中，最后输出数组b[5][3]，输出的结果应为如下形式：

```
1   6   11
2   7   12
3   8   13
4   9   14
5   10  15
```

3. 定义int a[ ]={6，4，9，1，3，8，2，7，5};编程实现对该数组元素升序排列并输出。

4. 输入两个正整数 m 和 n（$m \leqslant n$），输出 $m \sim n$ 的所有素数以及这些素数的个数。

5. 输入一个字符串（字符串的长度<50），统计并输出其中英文字母、数字、字符和其他字符的个数（统计时可利用 C 语言的系统函数以简化程序书写，如 isdigit 等）。

6. 将字符串 str（字符串的长度<50）的内容颠倒过来输出，并判断这个字符串是否是回文。（回文：正着读反着读都相同的字符串）

7. 任意输入一个 5 阶方阵，输出这个方阵上三角元素中的最小数和下三角元素中的最大数 。

8. 输入 5 对自然数 m 和 n，分别输出各对 m 和 n 的最大公约数和最小公倍数。

9. 任意输入 1 000 个整数，将这些数按降序输出。

10. 输出斐波那契序列中大于 1 000 的最小数项，并同时指出这是第几项。（思考：若所求的为斐波那契序列中小于 1 000 的最大数项呢？）

11. 有一个已排好序的数组，要求输入一个数后，按原来排序的规律将它插入数组中。

12. 有 15 个数按由大到小顺序存放在一个数组中，输入一个数，要求用折半查找法找出该数是数组中第几个元素的值。如果该数不在数组中，则输出“无此数”。

第7章　指　　针

章前导读

有一间房子，它的地址是：人民路108号。这个房子相当于一个变量。那么：

（1）如果它是普通变量，则房子里可能今天住的是张三，明天住的是李四。张三、李四就是这个变量的值。通过访问这间房子，我们可以直接找到张三或李四。

（2）如果它是一个指针变量，则房子里不住具体的人，而是放一张纸条，上面写“南京东路77号”。

“南京东路77号”是一个什么东西？是一个地址。

通过该地址，我们继续找，结果在“南京东路77号”里找到张三。

变量存储的值可以改变，指针变量的值同样可以变更。

过一天，我们再去访问这间房子，纸条变成了“珠海路309号”，通过它，我们找到的是另一个人。

指针是C语言中广泛使用的一种数据类型。运用指针编程是C语言最主要的风格之一。利用指针变量可以表示各种数据结构；能很方便地使用数组和字符串；并能像汇编语言一样处理内存地址，从而编出精练而高效的程序。指针极大地丰富了C语言的功能。学习指针是学习C语言中最重要的一环，能否正确理解和使用指针是我们是否掌握C语言的一个标志。同时，指针也是C语言中最为难学的一部分，在学习中除了要正确理解基本概念，还必须要多实践，多上机调试。只要做到这些，指针也是不难掌握的。

7.1　地址和指针的基本概念

在计算机中，所有的数据都是存放在存储器中的。一般把存储器中的一个字节称为一个内存单元，不同的数据类型所占用的内存单元数不等，如整型量占2个单元，字符量占1个单元，这些在前面已有详细的介绍。为了正确地访问这些内存单元，必须为每个内存单元编号。根据一个内存单元的编号即可准确地找到该内存单元。内存单元的编号也叫做地址。 因为根据内存单元的编号或地址就可以找到所需的内存单元，所以通常也把这个地址称为指针。内存单元的指针和内存单元的内容是两个不同的概念。可以用一个通俗的例子来说明它们之间的关系。我们到银行去存取款时，银行工作人员将根据我们的账号去找我们的存款单，找到之后在存单上写入存款、取款的金额。在这里，账号就是存单的指针，存款数是存单的内容。对于一个内存单元来说，单元的地址即为指针，其中存放的数据才是该单元的内容。在C语言中，允许用一个变量来存放指针，这种变量称为指针变量。因此，一个指针变量的值就是某个内存单元的地址或称为某内存单元的指针。

图7–1

图7–1中，设有字符变量C，其内容为'K'（ASCII码为十进制数75），C占用了011A号单元（地址用十六进数表示）。设有

指针变量 P，内容为 011A，我们称这种情况为 P 指向变量 C，或说 P 是指向变量 C 的指针。

严格地说，一个指针是一个地址，是一个常量。而一个指针变量却可以被赋予不同的指针值，是变量。但常把指针变量简称为指针。为了避免混淆，我们约定："指针"是指地址，是常量，"指针变量"是指取值为地址的变量。定义指针的目的是为了通过指针去访问内存单元。

既然指针变量的值是一个地址，那么这个地址不仅可以是变量的地址，也可以是其他数据结构的地址。在一个指针变量中存放一个数组或一个函数的首地址有何意义呢？因为数组或函数都是连续存放的。通过访问指针变量取得了数组或函数的首地址，也就找到了该数组或函数。这样一来，凡是出现数组、函数的地方都可以用一个指针变量来表示，只要在该指针变量中赋予数组或函数的首地址即可。这样做，将会使程序的概念十分清楚，程序本身也精练、高效。在 C 语言中，一种数据类型或数据结构往往都占有一组连续的内存单元。用"地址"这个概念并不能很好地描述一种数据类型或数据结构，而"指针"虽然实际上也是一个地址，但它却是一个数据结构的首地址，它是"指向"一个数据结构的，因而概念更为清楚，表示更为明确。这也是引入"指针"概念的一个重要原因。

7.2　变量的指针和指向变量的指针变量

指针就是地址，变量的指针就是变量的地址，存放地址的变量就是指针变量。因此，存放变量地址的指针变量指向该变量，亦称为该变量的指针。

为了表示指针变量和它所指向的变量之间的关系，在程序中用"*"符号表示"指向"，例如，i_pointer 代表指针变量，而*i_pointer 是 i_pointer 所指向的变量，如图 7–2 所示。

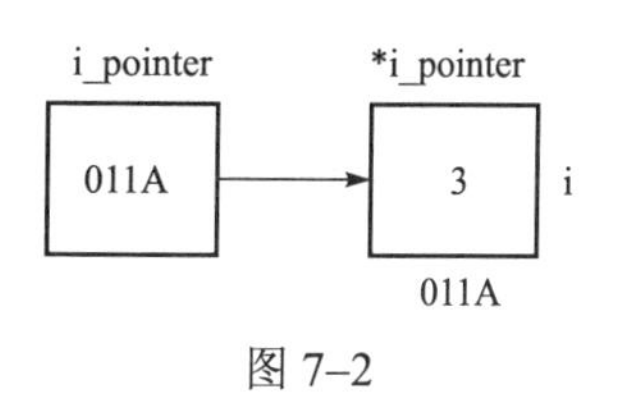

图 7–2

因此，下面两个语句作用相同。

```
i=3;
*i_pointer=3;
```

第二个语句的含义是将 3 赋给指针变量 i_pointer 所指向的变量。

7.2.1　定义一个指针变量

对指针变量的定义包括 3 个内容：

（1）指针类型说明，即定义变量为一个指针变量；

（2）指针变量名；

（3）指针变量所指向的变量的数据类型。

其一般形式为：

类型说明符　*变量名；

其中，*是指针类型说明，变量名即为定义的指针变量名，类型说明符表示本指针变量所指向的变量的数据类型。

例如：

```
int *p1;
```

表示 p1 是一个指针变量，它的值是某个整型变量的地址，或者说 p1 指向一个整型变量。

至于 p1 究竟指向哪一个整型变量，应由向 p1 赋予的地址来决定。

再如：

```
int *p2;          /*p2 是指向整型变量的指针变量*/
float *p3;        /*p3 是指向浮点变量的指针变量*/
char *p4;         /*p4 是指向字符变量的指针变量*/
```

应该注意的是，一个指针变量只能指向同类型的变量，如 P3 只能指向浮点变量，不能时而指向一个浮点变量，时而又指向另一个字符变量。

7.2.2 指针变量的引用

指针变量同普通变量一样，在使用之前不仅要定义说明而且必须赋予具体的值。未经赋值的指针变量不能使用，否则将造成系统混乱，甚至死机。指针变量的赋值只能赋予地址，决不能赋予任何其他数据，否则将引起错误。

两个有关的运算符：

（1）&：取地址运算符。

（2）*：指针运算符或称“间接访问”运算符，访问指针变量所指向的对象；或称引用运算符，引用指针变量所指向的对象。

C 语言中提供了地址运算符&来计算变量的地址。

其一般形式为：

&变量名

如&a 表示变量 a 的地址，&b 表示变量 b 的地址。当然，变量本身必须预先说明。

设有指向整型变量的指针变量 p，如要把整型变量 a 的地址赋予 p 可以有以下两种方式。

（1）指针变量初始化的方法。

```
int a;
int *p=&a;
```

（2）赋值语句的方法。

```
int a;
int *p;
p=&a;
```

不允许把一个数赋予指针变量，故下面的赋值是错误的。

```
int *p;
p=1000;
```

被赋值的指针变量前不能再加“*”说明符，如写为*p=&a 也是错误的。

假设：

```
int i=200, x;
int *ip;
```

即定义了两个整型变量 i、x，还定义了一个指向整型数的指针变量 ip。i、x 中可存放整数，而 ip 中只能存放整型变量的地址。我们可以把 i 的地址赋给 ip：

```
ip=&i;
```

此时指针变量 ip 指向整型变量 i，假设变量 i 的地址为 1800，这个赋值可形象理解为图

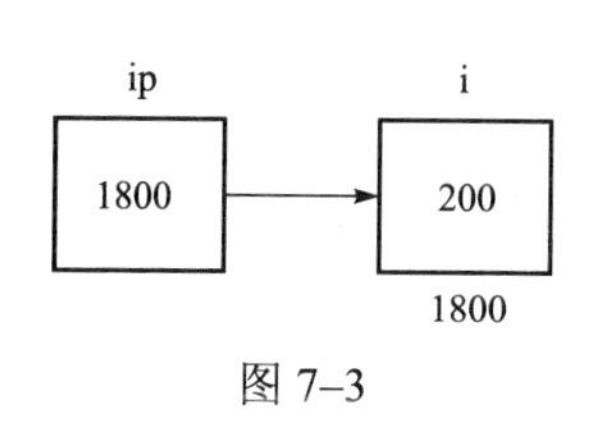

图 7–3

7–3 所示的联系。以后我们便可以通过指针变量 ip 间接访问变量 i 了，例如：

```
x=*ip;
```

运算符*访问以 ip 为地址的存储区域，而 ip 中存放的是变量 i 的地址，因此，*ip 访问的是地址为 1800 的存储区域（因为是整数，实际上是从 1800 开始的两个字节），它就是 i 所占用的存储区域，所以上面的赋值等价于：

```
x=i;
```

另外，指针变量和一般变量一样，存放在它们之中的值是可以改变的，也就是说可以改变它们的指向。假设：

```
int i,j,*p1,*p2;
i='a';
j='b';
p1=&i;
p2=&j;
```

则建立了如图 7–4 所示的联系。

这时赋值表达式：

```
p2=p1
```

就使 p2 与 p1 指向同一对象 i，此时*p2 就等价于 i，而不是 j，如图 7–5 所示。

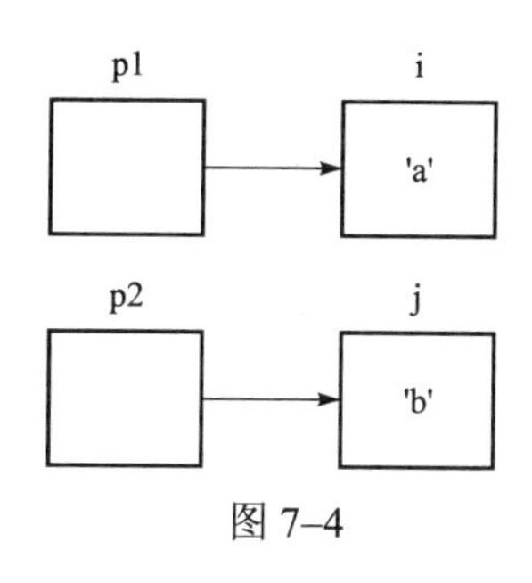

图 7–4

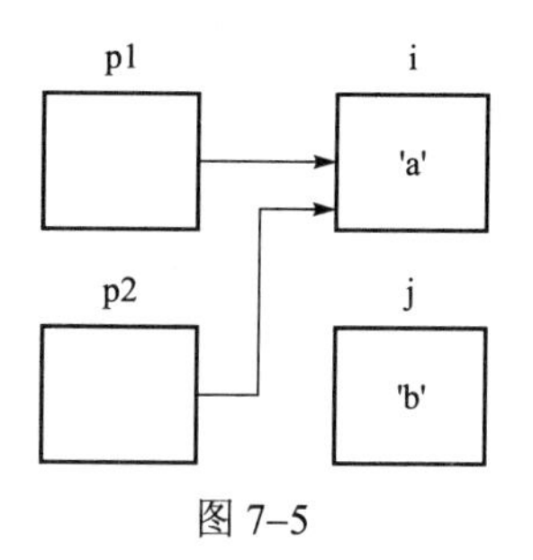

图 7–5

如果执行如下操作：

```
*p2=*p1;
```

则表示把 p1 指向的内容赋给 p2 所指的区域，此时就变成了图 7–6 所示的关系。

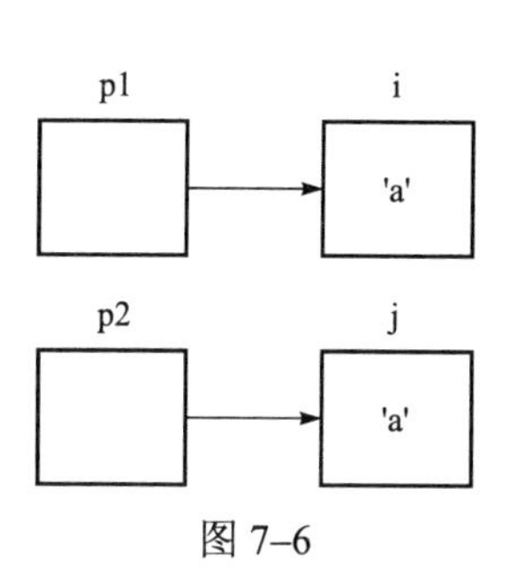

图 7–6

通过指针访问它所指向的变量是以间接访问的形式进行的，所以比直接访问一个变量要费时间，而且不直观。因为通过指针要访问哪一个变量，取决于指针的值（即指向），例如“*p2=*p1;”实际上就是“j=i;”，前者不仅速度慢而且目的不明。但由于指针是变量，我们可以通过改变它们的指向，来间接访问不同的变量，

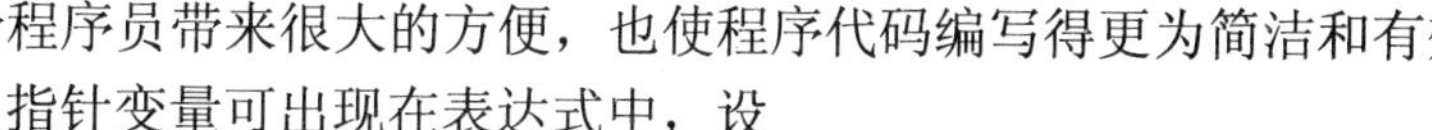

这给程序员带来很大的方便，也使程序代码编写得更为简洁和有效。

指针变量可出现在表达式中，设

```
int x,y,*px=&x;
```

指针变量 px 指向整数 x，则*px 可出现在 x 能出现的任何地方。例如：

```
y=*px+5;   /*表示把 x 的内容加 5 并赋给 y*/
y=++*px;   /*x 的内容加上 1 之后赋给 y*/
y=*px++;   /*相当于 y=*px; px++*/
```

【例 7.1】

```
main()
{
    int a,b;
    int *pointer_1, *pointer_2;
    a=100;b=10;
    pointer_1=&a;
    pointer_2=&b;
    printf("%d,%d\n",a,b);
    printf("%d,%d\n",*pointer_1, *pointer_2);
}
```

对程序的说明：

（1）在开头处虽然定义了两个指针变量 pointer_1 和 pointer_2，但它们并未指向任何一个整型变量。只是提供了两个指针变量，规定了它们可以指向整型变量。程序第 5、6 行的作用就是使 pointer_1 指向 a，pointer_2 指向 b。

（2）最后一行的*pointer_1 和*pointer_2 就是变量 a 和 b。最后两个 printf 函数作用是相同的。

（3）程序中有两处出现*pointer_1 和*pointer_2，请区分它们的不同含义。

（4）程序第 5、6 行的“pointer_1=&a”和“pointer_2=&b”不能写成“*pointer_1=&a”和“*pointer_2=&b”。

请对下面关于“&”和“*”的问题进行考虑。

（1）如果已经执行了“pointer_1=&a;”语句，则&*pointer_1 表示什么含义？

（2）*&a 的含义是什么？

（3）(*pointer_1)++和 pointer_1++的区别？

【例 7.2】输入 a 和 b 两个整数，按先大后小的顺序输出 a 和 b。

```
main()
{
    int *p1,*p2,*p,a,b;
    scanf("%d,%d",&a,&b);
    p1=&a;p2=&b;
    if(a<b)
        {p=p1;p1=p2;p2=p;}
    printf("\na=%d,b=%d\n",a,b);
    printf("max=%d,min=%d\n",*p1, *p2);
}
```

7.2.3　指针变量几个问题的进一步说明

指针变量可以进行某些运算，但其运算的种类是有限的。它只能进行赋值运算和部分算术运算及关系运算。

1. 指针运算符

（1）取地址运算符&：是单目运算符，其结合性为自右至左，其功能是取变量的地址。在 scanf 函数及前面介绍的指针变量赋值中，我们已经了解并使用了&运算符。

（2）取内容运算符*：是单目运算符，其结合性为自右至左，用来表示指针变量所指的变量。在*运算符之后跟的变量必须是指针变量。

需要注意的是指针运算符*和指针变量说明中的指针说明符*不是一回事。在指针变量说明中，“*”是类型说明符，表示其后的变量是指针类型。而表达式中出现的“*”则是一个运算符，用以表示指针变量所指的变量。

【例 7.3】

```
main()
{
   int a=5,*p=&a;
   printf ("%d",*p);
}
```

表示指针变量 p 取得了整型变量 a 的地址。printf("%d",*p)表示输出变量 a 的值。

2. 指针变量的运算

1）赋值运算

指针变量的赋值运算有以下几种形式。

（1）指针变量初始化赋值，前面已作介绍。

（2）把一个变量、数组、字符串、函数的地址赋予指向相同数据类型的指针变量。

例如：

```
      int a,*pa;
      pa=&a;     /*把整型变量 a 的地址赋予整型指针变量 pa*/
```

例如：

```
      int a[5],*pa;
      pa=a;
```

也可写为：

```
      pa=&a[0];
```

当然也可采取初始化赋值的方法：

```
      int a[5],*pa=a;
```

例如：

```
      char *pc;
      pc="C Language";
```

或用初始化赋值的方法写为：

```
char *pc="C Language";
```

这里应说明的是并不是把整个字符串装入指针变量，而是把存放该字符串的字符数组的首地址装入指针变量，这在后面还将详细介绍。

例如：

```
int (*pf)();
pf=f;      /*f 为函数名*/
```

（3）把一个指针变量的值赋予指向相同类型变量的另一个指针变量。

例如：

```
int a,*pa=&a,*pb;
pb=pa;     /*把 a 的地址赋予指针变量 pb*/
```

由于 pa, pb 均为指向整型变量的指针变量，因此可以相互赋值。

2）加减算术运算

对于指向数组的指针变量，可以加上或减去一个整数 n。设 pa 是指向数组 a 的指针变量，则 pa+n、pa-n、pa++、++pa、pa--、--pa 运算都是合法的。指针变量加或减一个整数 n 的意义是把指针指向的当前位置（指向某数组元素）向前或向后移动 n 个位置。应该注意，数组指针变量向前或向后移动一个位置和地址加 1 或减 1 在概念上是不同的。因为数组可以有不同的类型，各种类型的数组元素所占的字节长度是不同的。如指针变量加 1，即向后移动 1 个位置表示指针变量指向下一个数据元素的首地址，而不是在原地址基础上加 1。例如：

```
int a[5],*pa;
pa=a;       /*pa 指向数组 a，也是指向 a[0]*/
pa=pa+2;    /*pa 指向 a[2]，即 pa 的值为&pa[2]*/
```

指针变量的加减运算只能对指向数组的指针变量进行，对指向其他类型的指针变量作加减运算是毫无意义的。

3）两个指针变量之间的运算

只有指向同一数组的两个指针变量之间才能进行运算，否则运算毫无意义。

（1）两指针变量相减：两指针变量相减所得之差是两个指针所指数组元素之间相差的元素个数。实际上是两个指针值（地址）相减之差再除以该数组元素的长度(字节数)。例如 pf1 和 pf2 是指向同一浮点数组的两个指针变量，设 pf1 的值为 2010H，pf2 的值为 2000H，而浮点数组每个元素占 4 个字节，所以 pf1–pf2 的结果为(2000H–2010H)/4=4，表示 pf1 和 pf2 之间相差 4 个元素。两个指针变量不能进行加法运算。 例如，pf1+pf2 是什么意思呢？毫无实际意义。

（2）两指针变量进行关系运算：指向同一数组的两指针变量进行关系运算可表示它们所指数组元素之间的关系。

例如：

pf1==pf2 表示 pf1 和 pf2 指向同一数组元素；

pf1>pf2 表示 pf1 处于高地址位置；

pf1<pf2 表示 pf2 处于低地址位置。

指针变量还可以与 0 比较。

设 p 为指针变量，则 p==0 表明 p 是空指针，它不指向任何变量；p!=0 表示 p 不是空指针。

空指针是由对指针变量赋予 0 值而得到的。

例如：

```
#define NULL 0
int *p=NULL;
```

对指针变量赋 0 值和不赋值是不同的。指针变量未赋值时，可以是任意值，是不能使用的，否则将产生意外错误。而指针变量赋 0 值后，就可以使用了，只是它不指向具体的变量而已。

【例 7.4】

```
main()
{
    int a=10,b=20,s,t,*pa,*pb; /*说明 pa,pb 为整型指针变量*/
    pa=&a;                     /*给指针变量 pa 赋值，pa 指向变量 a*/
    pb=&b;                     /*给指针变量 pb 赋值，pb 指向变量 b*/
    s=*pa+*pb;                 /*求 a+b 之和,(*pa 就是 a,*pb 就是 b)*/
    t=*pa**pb;                 /*本行是求 a*b 之积*/
    printf("a=%d\nb=%d\na+b=%d\na*b=%d\n",a,b,a+b,a*b);
    printf("s=%d\nt=%d\n",s,t);
}
```

【例 7.5】

```
main()
{
    int a,b,c,*pmax,*pmin;                 /*pmax,pmin 为整型指针变量*/
    printf("input three numbers:\n");  /*输入提示*/
    scanf("%d%d%d",&a,&b,&c);          /*输入 3 个数字*/
    if(a>b)
    {                                  /*如果第一个数字大于第二个数字…*/
        pmax=&a;                       /*指针变量赋值*/
        pmin=&b;                       /*指针变量赋值*/
    }
    else
    {
        pmax=&b;                       /*指针变量赋值*/
        pmin=&a;                       /*指针变量赋值*/
    }
    if(c>*pmax) pmax=&c;               /*判断并赋值*/
    if(c<*pmin) pmin=&c;               /*判断并赋值*/
    printf("max=%d\nmin=%d\n",*pmax,*pmin);   /*输出结果*/
}
```

7.3 数组的指针和指向数组的指针变量

一个变量有一个地址，一个数组包含若干元素，每个数组元素都在内存中占用存储单元，它们都有相应的地址。所谓数组的指针是指数组的起始地址，数组元素的指针是数组元素的地址。

7.3.1 指向一维数组的指针变量

一个数组是由连续的一块内存单元组成的，数组名就是这块连续内存单元的首地址。一个数组也是由各个数组元素(下标变量)组成的，每个数组元素按其类型不同占有几个连续的内存单元，一个数组元素的首地址是指它所占有的几个内存单元的首地址。

定义一个指向数组元素的指针变量的方法，与前面介绍的指向变量的指针变量相同。

例如：

```
int a[10];    /*定义 a 为包含 10 个整型数据的数组*/
int *p;       /*定义 p 为指向整型变量的指针*/
```

应当注意，因为数组为 int 型，所以指针变量也应为指向 int 型的指针变量。下面是对指针变量赋值：

```
p=&a[0];
```

把 a[0]元素的地址赋给指针变量 p。也就是说，p 指向 a 数组的第 0 号元素，如图 7–7 所示。

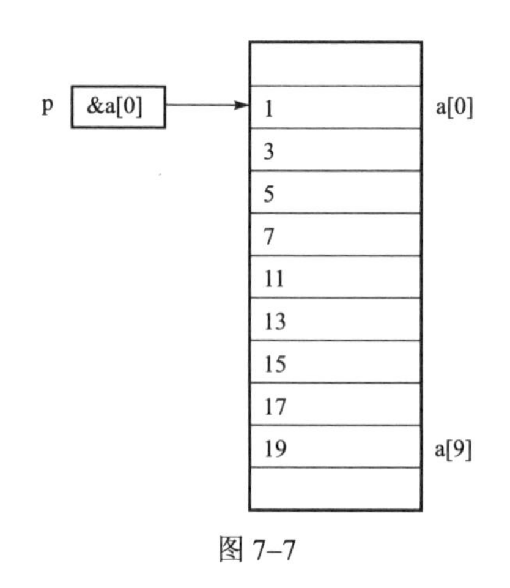

图 7–7

C 语言规定，数组名代表数组的首地址，也就是第 0 号元素的地址，因此，下面两个语句等价。

```
p=&a[0];
p=a;
```

在定义指针变量时可以赋给初值：

```
int *p=&a[0];
```

它等效于：

```
int *p;
p=&a[0];
```

当然定义时也可以写成：

```
int *p=a;
```

从图 7–7 中我们可以看出有以下关系：p、a、&a[0]均指向同一单元，它们是数组 a 的首地址，也是 0 号元素 a[0]的首地址。应该说明的是 p 是变量，而 a、&a[0]都是常量，在编程时应予以注意。

指针变量说明的一般形式为：

类型说明符 *指针变量名;

其中类型说明符表示所指数组的类型。从一般形式可以看出指向数组的指针变量和指向普通变量的指针变量的说明是相同的。

C 语言规定：如果指针变量 p 已指向数组中的一个元素，则 p+1 指向同一数组中的下一个元素，如图 7–8 所示。

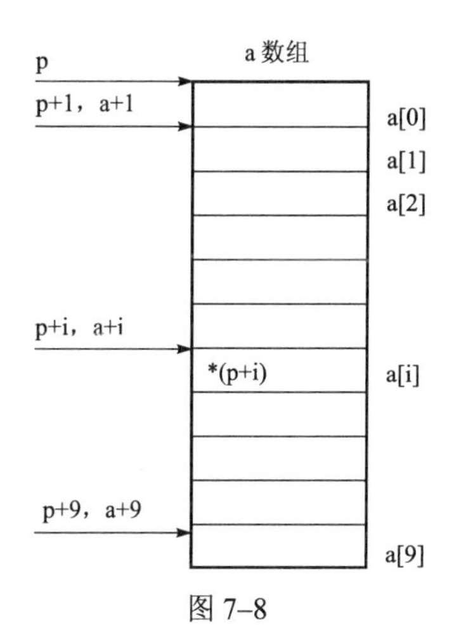

图 7–8

引入指针变量后，就可以用两种方法来访问数组元素了。

如果 p 的初值为&a[0]，则：

（1）p+i 和 a+i 就是 a[i]的地址，或者说它们指向 a 数组的第 i 号元素；

（2）*(p+i)或*(a+i)就是 p+i 或 a+i 所指向的数组元素，即 a[i]，例如，*(p+5)或*(a+5)就是 a[5]；

（3）指向数组的指针变量也可以带下标，如 p[i]与*(p+i)等价。

根据以上叙述，引用一个数组元素可以用：

（1）下标法，即用 a[i]或 p[i]形式访问数组元素，指向数组的指针变量也可以带下标；

（2）指针法，即采用*(a+i)或*(p+i)形式，用间接访问的方法来访问数组元素，其中 a 是数组名，p 是指向数组的指针变量，其初值为 p=a。

【例 7.6】输出数组中的全部元素。（下标法）

```
main()
{
    int a[10],i;
    for(i=0;i<10;i++)
        a[i]=i;
    for(i=0;i<10;i++)
        printf("a[%d]=%d\n",i,a[i]);
}
```

【例 7.7】输出数组中的全部元素。（通过数组名计算元素的地址，找出元素的值）

```
main()
{
    int a[10],i;
    for(i=0;i<10;i++)
        *(a+i)=i;
    for(i=0;i<10;i++)
        printf("a[%d]=%d\n",i,*(a+i));
}
```

【例 7.8】输出数组中的全部元素。（用指针变量指向元素）

```
main()
{
    int a[10],i,*p;
    p=a;
    for(i=0;i<10;i++)
```

```
        *(p+i)=i;
    for(i=0;i<10;i++)
        printf("a[%d]=%d\n",i,*(p+i));
}
```

【例 7.9】

```
main()
{
    int a[10],i,*p=a;
    for(i=0;i<10;){
        *p=i;
    printf("a[%d]=%d\n",i++,*p++);
  }
}
```

几个注意的问题：

（1）指针变量可以实现本身的值的改变。如 p++是合法的；而 a++是错误的，因为 a 是数组名，它是数组的首地址，是常量。

（2）要注意指针变量的当前值。请看例 7.10 和例 7.11。

【例 7.10】 找出错误。

```
main()
{
    int *p,i,a[10];
    p=a;
    for(i=0;i<10;i++)
        *p++=i;
    for(i=0;i<10;i++)
        printf("a[%d]=%d\n",i,*p++);
}
```

【例 7.11】 改正。

```
main()
{
    int *p,i,a[10];
    p=a;
    for(i=0;i<10;i++)
        *p++=i;
    p=a;
    for(i=0;i<10;i++)
        printf("a[%d]=%d\n",i,*p++);
}
```

（3）从例 7.11 中可以看出，虽然定义数组时指定它包含 10 个元素，但指针变量可以指到数组以后的内存单元，系统并不认为非法。

（4）由于++和*同优先级，结合方向自右而左，*p++等价于*(p++)。

（5）*(p++)与*(++p)作用不同。若 p 的初值为 a，则*(p++)等价 a[0]，*(++p)等价 a[1]。

（6）(*p)++表示 p 所指向的元素值加 1。

（7）如果 p 当前指向 a 数组中的第 i 个元素，则

① *(p−−)相当于 a[i−−]；

② *(++p)相当于 a[++i]；

③ *(−−p)相当于 a[−−i]。

7.3.2　指向多维数组的指针变量

本小节以二维数组为例介绍指向多维数组的指针变量。

1. 二维数组的地址

设有整型二维数组 a[3][4]如下：

```
0   1   2   3
4   5   6   7
8   9   10  11
```

它的定义为：

```
int a[3][4]={{0,1,2,3},{4,5,6,7},{8,9,10,11}}
```

设数组 a 的首地址为 1000，各下标变量的首地址及其值如图 7–9 所示。

1000 0	1002 1	1004 2	1006 3
1008 4	1010 5	1012 6	1014 7
1016 8	1018 9	1020 10	1022 11

图 7–9

前面已经介绍过，C 语言允许把一个二维数组分解为多个一维数组来处理。因此数组 a 可分解为 3 个一维数组，即 a[0]、a[1]、a[2]，每一个一维数组又含有 4 个元素。

例如 a[0]数组含有 a[0][0]、a[0][1]、a[0][2]、a[0][3]4 个元素。

数组及数组元素的地址表示如下：

从二维数组的角度来看，a 是二维数组名，a 代表整个二维数组的首地址，也是二维数组 0 行的首地址，等于 1000；a+1 代表 1 行的首地址，等于 1008，如图 7–10 所示。

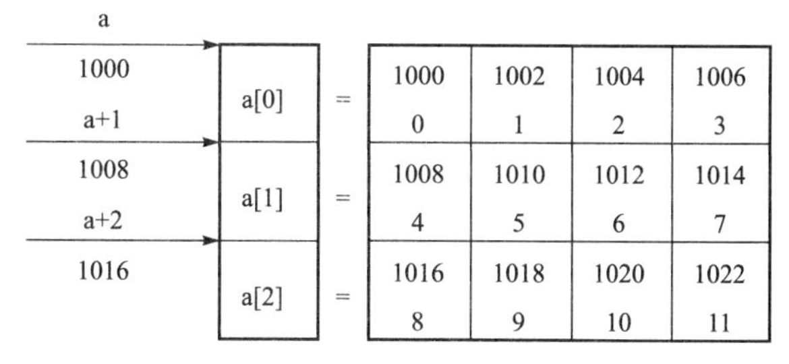

图 7–10

a[0]是第一个一维数组的数组名和首地址，因此也为 1000。*(a+0)或*a 与 a[0] 是等效的，它表示一维数组 a[0]0 号元素的首地址，也为 1000。&a[0][0]是二维数组 a 的 0 行 0 列元素的首地址，同样是 1000。因此，a、a[0]、*(a+0)、*a、&a[0][0]是等同的。

同理，a+1 是二维数组 1 行的首地址，等于 1008；a[1]是第二个一维数组的数组名和首地址，因此也为 1008；&a[1][0]是二维数组 a 的 1 行 0 列元素地址，也是 1008，因此 a+1、a[1]、*(a+1)、&a[1][0]是等同的。

由此可得出：a+i、a[i]、*(a+i)、&a[i][0]是等同的。

此外，&a[i]和 a[i]也是等同的。因为在二维数组中不存在元素 a[i]，不能把&a[i]理解为元素 a[i]的地址。C 语言规定，&a[i]是一种地址计算方法，表示数组 a 的 i 行首地址。a[i]等同*(a+i)，则&a[i]=&(*(a+i))=a+i=a[i]。由此，我们得出：a[i]、&a[i]、*(a+i)和 a+i 也都是等同的。

另外，a[0]也可以看成是 a[0]+0，是一维数组 a[0]的 0 号元素的首地址，而 a[0]+1 则是 a[0]的 1 号元素首地址，由此可得出 a[i]+j 是一维数组 a[i]的 j 号元素首地址，它等于&a[i][j]。

由 a[i]=*(a+i)得 a[i]+j=*(a+i)+j。由于*(a+i)+j 是二维数组 a 的 i 行 j 列元素的首地址，所以，该元素的值等于*(*(a+i)+j)。

【例 7.12】

```
main()
{
    int a[3][4]={0,1,2,3,4,5,6,7,8,9,10,11};
    printf("%d,",a);
    printf("%d,",*a);
    printf("%d,",a[0]);
    printf("%d,",&a[0]);
    printf("%d\n",&a[0][0]);
    printf("%d,",a+1);
    printf("%d,",*(a+1));
    printf("%d,",a[1]);
    printf("%d,",&a[1]);
    printf("%d\n",&a[1][0]);
    printf("%d,",a+2);
    printf("%d,",*(a+2));
    printf("%d,",a[2]);
    printf("%d,",&a[2]);
    printf("%d\n",&a[2][0]);
    printf("%d,",a[1]+1);
    printf("%d\n",*(a+1)+1);
    printf("%d,%d,%d\n",*(a[1]+1),*(*(a+1)+1),**a);
}
```

运行结果为：

```
-60,-60,-60,-60,-60
-52,-52,-52,-52,-52
-44,-44,-44,-44,-44
```

```
-50,-50
5,5,0
```

2. 指向二维数组的指针变量

设 p 为指向二维数组 a[m][n]的指针变量，p 可以指向 a 的某个元素、首地址或某个一维数组。

1）指向二维数组某个元素的指针变量

【例 7.13】

```
main()
{
    int a[2][3],i,j,*p;
    for(i=0;i<2;i++)
        for(j=0;j<3;j++)
        {
            p=&a[i][j];
            scanf("%d",p);
        }
for(i=0;i<2;i++)
{
    printf("\n");
    for(j=0;j<3;j++)
    {
        p=&a[i][j];
        printf("%10d",*p);
        }
    }
}
```

2）指向二维数组首地址的指针变量

若定义：

```
    int *p;
```

其值等于 a、a[0]或&a[0][0]，则*(p+i*n+j)表示 a[i][j]。

【例 7.14】

```
main()
{
    int a[2][3],*p=a;
    int i,j;
    for(i=0;i<2;i++)
        for(j=0;j<3;j++)
            scanf("%d",p+i*3+j);
```

```
for(i=0;i<2;i++)
{
    printf("\n");
    for(j=0;j<3;j++)
        printf("%10d",*(p+i*3+j));
    }
}
```

分析例 7.14 的程序可以看到，当指针变量指向二维数组的首地址后，二维数组的元素可以理解为先按行再按列排列而成的一维数组。因而可以用对指针变量每次加 1 的方式顺序处理二维数组的元素。

【例 7.15】按一维数组方式处理。

```
main()
{
int a[2][3],*p=a;
int i,j;
for(i=0;i<2;i++)
    for(j=0;j<3;j++)
    {
        scanf(″%d″,p);
        p++;
        }
p=a;
for(i=0;i<2;i++)
{
    printf("\n");
    for(j=0;j<3;j++)
    {
        printf("%10d",*p);
        p++;
        }
    }
}
```

3）指向二维数组第一个一维数组的指针变量

指向二维数组 a[m][n]第一个一维数组的指针变量定义为：

```
    int (*p)[n];
```

它表示 p 是一个指针变量，它指向包含 n 个元素的一维数组，其值等于 a、a[0]或&a[0][0]，而 p+i 则指向一维数组 a[i]。从前面的分析可得出*(p+i)+j 是二维数组 i 行 j 列的元素的地址，而*(*(p+i)+j)则是 i 行 j 列元素的值。

一般形式为：

类型说明符 (*指针变量名)[长度]

其中“类型说明符”为所指数组的数据类型。“*”表示其后的变量是指针类型。“长度”表示二维数组分解为多个一维数组时一维数组的长度，也就是二维数组的列数。应注意“(*指针变量名)”两边的括号不可少，如缺少括号则表示是指针数组(本章后面介绍)，意义就完全不同了。

【例 7.16】

```
main()
{
    int a[3][4]={0,1,2,3,4,5,6,7,8,9,10,11};
    int(*p)[4];
    int i,j;
    p=a;
    for(i=0;i<3;i++)
    {
        for(j=0;j<4;j++)
            printf("%2d  ",*(*(p+i)+j));
        printf("\n");
    }
}
```

7.4 字符串的指针和指向字符串的指针变量

7.4.1 字符串的表示形式

在C语言中，可以用两种方法访问一个字符串。

(1) 用字符数组存放一个字符串，然后输出该字符串。

【例 7.17】

```
main()
{
    char string[]="I love China! ";
    printf("%s\n",string);
}
```

说明：和前面介绍的数组属性一样，string是数组名，它代表字符数组的首地址。

(2) 用字符串指针指向一个字符串。

【例 7.18】

```
main()
{
    char *string="I love China! ";
    printf("%s\n",string);
```

```
}
```

字符串指针变量的说明与指向字符变量的指针变量说明是相同的。只能根据对指针变量的赋值不同来区别。对指向字符变量的指针变量应赋予该字符变量的地址。

如：

```
char c,*p=&c;
```

表示 p 是一个指向字符变量 c 的指针变量。

而：

```
char *s="C Language";
```

则表示 s 是一个指向字符串的指针变量，把字符串的首地址赋予 s。

例 7.18 中，首先定义 string 是一个字符指针变量，然后把字符串的首地址赋予 string(应写出整个字符串，以便编译系统把该字符串装入连续的一块内存单元)。程序中的：

```
char *string="I love China!";
```

等效于：

```
char *string;
ps="I love China!";
```

【例 7.19】输出字符串中 n 个字符后的所有字符。

```
main()
{
   char *ps="this is a book";
   int n=10;
   ps=ps+n;
   printf("%s\n",ps);
}
```

运行结果为：

```
book
```

在程序中对 ps 初始化时，即把字符串首地址赋予 ps，当 ps= ps+10 之后，ps 指向字符"b"，因此输出为"book"。

【例 7.20】在输入的字符串中查找有无字符 k。

```
main()
{
     char st[20],*ps;
     int i;
     printf("input a string:\n");
     ps=st;
     scanf("%s",ps);
     for(i=0;ps[i]!='\0';i++)
         if(ps[i]=='k')
         {
            printf("there is a 'k' in the string\n");
```

```
            break;
        }
    if(ps[i]=='\0') printf("There is no 'k' in the string\n");
}
```

【例 7.21】 本例是将指针变量指向一个格式字符串，用在 printf 函数中，用于输出二维数组的各种地址表示的值。这也是程序中常用的方法。

```
main()
{
    int a[3][4]={0,1,2,3,4,5,6,7,8,9,10,11};
    char *PF;
    PF="%d,%d,%d,%d,%d\n";
    printf(PF,a,*a,a[0],&a[0],&a[0][0]);
    printf(PF,a+1,*(a+1),a[1],&a[1],&a[1][0]);
    printf(PF,a+2,*(a+2),a[2],&a[2],&a[2][0]);
    printf("%d,%d\n",a[1]+1,*(a+1)+1);
    printf("%d,%d\n",*(a[1]+1),*(*(a+1)+1));
}
```

运行结果为：

```
-60,-60,-60,-60,-60
-52,-52,-52,-52,-52
-44,-44,-44,-44,-44
-50,-50
5,5
```

7.4.2 使用字符串指针变量与字符数组的区别

用字符数组和字符指针变量都可实现字符串的存储和运算，但是两者是有区别的。在使用时应注意以下几个问题。

（1）字符串指针变量本身是一个变量，用于存放字符串的首地址。而字符串本身是存放在以该首地址开始的一块连续的内存空间中并以'\0'作为字符串的结束。字符数组是由若干个数组元素组成的，它可用来存放整个字符串。

（2）对字符串指针方式

```
char *ps="C Language";
```

可以写为：

```
char *ps;
ps="C Language";
```

而对数组方式：

```
char st[]={"C Language"};
```

不能写为：

```
char st[20];
```

```
st={"C Language"};
```

只能对字符数组的各元素逐个赋值。

从以上两点可以看出字符串指针变量与字符数组在使用时的区别，同时也可看出使用指针变量更加方便。

7.5 指针数组和指向指针变量的指针变量

7.5.1 指针数组的概念

一个数组的元素值为指针则这个数组就是指针数组。 指针数组是一组有序的指针的集合。指针数组的所有元素都必须是具有相同存储类型和指向相同数据类型的指针变量。

指针数组说明的一般形式为：

类型说明符 *数组名［数组长度］;

其中类型说明符为指针值所指向的变量的类型。

例如：

```
int *pa[3];
```

表示 pa 是一个指针数组，它有 3 个数组元素，每个元素值都是一个指针，都指向整型变量。

【例 7.22】通常可用一个指针数组来指向一个二维数组。指针数组中的每个元素被赋予二维数组每一行的首地址，因此也可理解为指向一个一维数组。

```
main()
{
    int a[3][3]={1,2,3,4,5,6,7,8,9};
    int *pa[3];
    int *p=a[0];
    int i;
    for(i=0;i<3;i++)
        pa[i]=a[i];
    for(i=0;i<3;i++)
        printf("%d,%d,%d\n",a[i][2-i],*a[i],*(*(a+i)+i));
    for(i=0;i<3;i++)
        printf("%d,%d,%d\n",*pa[i],p[i],*(p+i));
}
```

运行结果为：

```
3,1,1
5,4,5
7,7,9
1,1,1
4,2,2
```

```
7,3,3
```

例 7.22 的程序中，pa 是一个指针数组，3 个元素分别指向二维数组 a 的各行，然后用循环语句输出指定的数组元素。其中*a[i]表示 i 行 0 列元素值；*(*(a+i)+i)表示 i 行 i 列的元素值；*pa[i]表示 i 行 0 列元素值；由于 p 与 a[0]相同，故 p[i]表示 0 行 i 列的值；*(p+i)表示 0 行 i 列的值。读者可仔细领会元素值的各种不同的表示方法。

应该注意指针数组和指向二维数组的指针变量的区别。这两者虽然都可用来表示二维数组，但是其表示方法和意义是不同的。

指向二维数组的指针变量是单个的变量，其一般形式“(*指针变量名)”两边的括号不可少。而指针数组表示的是多个指针(一组有序指针)，在一般形式“*指针数组名”的两边不能有括号。

例如：

```
int (*p)[3];
```

表示一个指向二维数组的指针变量。该二维数组的列数为 3 或分解为的若干个一维数组的长度为 3。

例如：

```
int *p[3]
```

表示一个指针数组，其 3 个下标变量 p[0]、p[1]、p[2]，均为指针变量。

指针数组常用来表示一组字符串，这时指针数组的每个元素被赋予所指向字符串的首地址。指向字符串的指针数组的初始化更为简单，例如：

```
char *name[]={"Illagal day",
            "Monday",
            "Tuesday",
            "Wednesday",
            "Thursday",
            "Friday",
            "Saturday",
            "Sunday"};
```

完成这个初始化赋值之后，name[0]指向字符串"Illegal day"，name[1]指向"Monday"……

7.5.2　指向指针变量的指针变量

如果一个指针变量存放的又是另一个指针变量的地址，则称这个指针变量为指向指针变量的指针变量，亦称二级指针。

在前面已经介绍过，通过指向变量的指针变量访问变量称为间接访问。由于指针变量直接指向变量，所以称为“单级间址”。而如果通过指向指针变量（指向变量）的指针变量来访问变量则构成了“二级间址”，如图 7–11 所示。

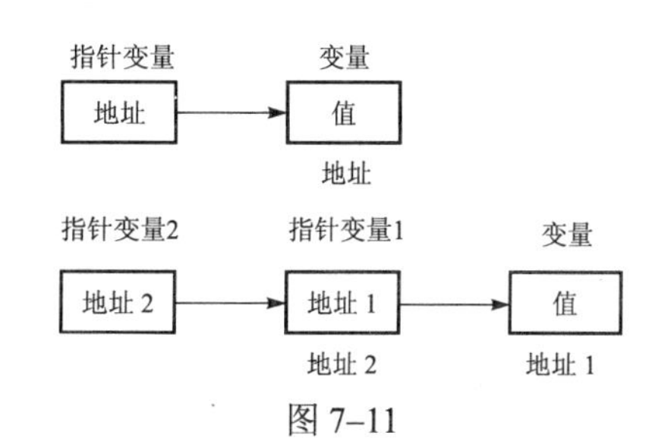

图 7–11

定义一个指向指针变量的指针变量的形式如下：

```
char **p;
```

p 前面有两个*号,相当于*(*p)。*p 是指向字符数据的指针变量，**p 就表示指针变量 p 是一个指向字符指针型变量*p 的指针变量。

从图 7–12 可以看出，name 是一个指针数组，它的每一个元素是一个指针型数据。数组名 name 代表该指针数组的首地址，name 指向 name[0]，name[0]指向“Follow me”，name 就是指向指针变量 name[0]的指针变量。同样，还可以设置一个指针变量 p，使它指向指针数组元素，p 也是一个二级指针。如果有：

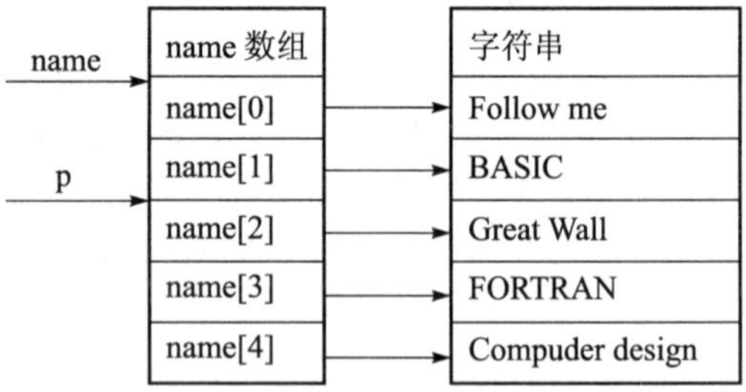

name 数组	字符串
name[0]	Follow me
name[1]	BASIC
name[2]	Great Wall
name[3]	FORTRAN
name[4]	Compuder design

(name → name[0]；p → name[2])

图 7–12

```
p=name+2;
printf("%o\n",*p);
printf("%s\n",*p);
```

则第一个 printf 函数语句输出 name[2]的值（它是一个地址），第二个 printf 函数语句输出字符串"Great Wall"。

【例 7.23】 使用指向指针的指针。

```
main()
{
    char *name[]={"Follow me","BASIC","Great Wall","FORTRAN","Computer
    desighn"};
    char **p;
    int i;
    for(i=0;i<5;i++)
    {
        p=name+i;
        printf("%s\n",*p);
    }
}
```

说明：p 是指向指针变量的指针变量。

【例 7.24】 一个指针数组的元素指向数据的简单例子。

```
main()
{
    static int a[5]={1,3,5,7,9};
    int *num[5]={&a[0],&a[1],&a[2],&a[3],&a[4]};
    int **p,i;
    p=num;
    for(i=0;i<5;i++)
    {   printf("%d\t",**p);p++;}
}
```

说明：指针数组的元素只能存放地址。

7.6　有关指针的数据类型和指针运算的小结

7.6.1　有关指针的数据类型的小结

有关指针的数据类型见表 7–1。

表 7–1　指针的数据类型小结

定义	含　　义
int i;	定义整型变量 i
int *p	p 为指向整型数据的指针变量
int a[n];	定义整型数组 a，它有 n 个元素
int *p[n];	定义指针数组 p，它由 n 个指向整型数据的指针组成
int (*p)[n];	p 为指向含 n 个元素的一维数组的指针变量
int f();	f 为返回整型函数值的函数
int *p();	p 为返回一个指针的函数，该指针指向整型数据
int (*p)();	p 为指向函数的指针，该函数返回一个整型值
int **p;	P 是一个指针变量，它指向一个指向整型数据的指针变量

（注：int f(); int *p(); int (*p)(); 将在第 8 章介绍）

7.6.2　指针运算的小结

现把全部指针运算罗列如下所示。

（1）指针变量加（减）一个整数。例如：

```
p++、p--、p+i、p-i、p+=i、p-=i
```

一个指针变量加（减）一个整数并不是简单地将原值加（减）一个整数，而是将该指针变量的原值（是一个地址）和它指向的变量所占用的内存单元字节数加（减）。例如 p+i 代表 p+i*c（c 代表字节数），这样才能保证 p+i 指向 p 下面的第 i 个元素。

（2）指针变量赋值：将一个变量的地址赋给一个指针变量。

```
p=&a;              (将变量 a 的地址赋给 p)
p=array;           (将数组 array 的首地址赋给 p)
p=&array[i];       (将数组 array 第 i 个元素的地址赋给 p)
p=max;             (max 为已定义的函数，将 max 的入口地址赋给 p)
p1=p2;             (p1 和 p2 都是指针变量，将 p2 的值赋给 p1)
```

注意，不能写成如下形式：

```
p=1000;
```

（3）指针变量可以有空值，即该指针变量不指向任何变量，如：

```
p=NULL;
```

（4）两个指针变量可以相减：如果两个指针变量指向同一个数组的元素，则这两个指针变量值之差是两个指针之间的元素个数。

（5）两个指针变量比较：如果两个指针变量指向同一个数组的元素，则这两个指针变量可以进行比较。指向前面元素的指针变量“小于”指向后面元素的指针变量。

7.6.3　void 指针类型

ANSI 新标准增加了一种“void”指针类型，即可以定义一个指针变量，但不指定它是指向哪一种类型数据。

习　题

一、选择题

1. 设 int i, *p=&i; 以下正确的语句是（　　）。

A. *p=10;　　B. i=p;　　C. i=*P;　　D. p=2*p+1;

2. 设 char s[10],*p=s; 以下不正确的赋值语句是（　　）。

A. p=s+5;　　B. s=p+s;　　C. s[2]=p[4];　　D. *p=s[0];

3. 如下程序的执行结果（　　）。

```
#include<stdio.h>
main()
{
    static int a[]={1,2,3,4,5,6};
    int *p;
    p=a;
    *(p+3)+=2;
    printf("%d,%d\n",*p,*(p+3));
}
```

A. 1,3　　B. 1,6　　C. 3,6　　D. 1,4

4. 如下程序的执行结果是（　　）。

```
#include<stdio.h>
main()
{
    static int a[][4]={1,3,5,7,9,11,13,15,17,19,21,23};
    int (*p)[4],i=1,j=2;
    p=a;
    printf("%d\n",*(*(p+i)+j));
}
```

A. 9　　B. 11　　C. 13　　D. 17

5. 设有定义：int n1=0,n2,*p=&n2,*q=&n1;，以下赋值语句中与 n2=n1;语句等价的是

( )。

A. *p=*q; B. p=q; C. *p=&n1; D. p=*q;

6. 若有定义：int x=0, *p=&x;，则语句 printf("%d\n",*p);的输出结果是（ ）。

A. 随机值 B. 0 C. x 的地址 D. p 的地址

7. 以下定义语句中正确的是（ ）。

A. char a='A',b='B'; B. float a=b=10.0;

C. int a=10,*b=&a; D. float *a,b=&a;

8. 有以下程序

```
main()
{
    int a=7,b=8,*p,*q,*r;
    p=&a;q=&b;
    r=p; p=q;q=r;
    printf("%d,%d,%d,%d\n",*p,*q,a,b);
}
```

程序运行后的输出结果是（ ）。

A. 8,7,8,7 B. 7,8,7,8 C. 8,7,7,8 D. 7,8,8,7

9. 设有定义：int a,*pa=&a;以下 scanf 语句中能正确为变量 a 读入数据的是（ ）。

A. scanf("%d",pa) ; B. scanf("%d",a) ;

C. scanf("%d",&pa) ; D. scanf("%d",*pa) ;

10. 设有定义：int n=0,*p=&n,**q=&p;则以下选项中，正确的赋值语句是（ ）。

A. p=1; B. *q=2; C. q=p; D. *p=5;

二、填空题

1. 设 int a[10], *p=a; 则对 a[5]的引用可以是 p[_____] 和 *(p ______)。

2. 设有 char *a="ABCD"，则 printf("%s",a)是__________，而 printf("%c", *a)的输出是_______。

3. 定义 int a [ ]={1,2,3,4,5,6}, *p=a; 表达式(*++p)++的值是________。

4. 若定义: char *str ="Eurasia_university"；则 printf (" %c", *str) 的输出是______ ；printf (" %s ", str+8)的输出是________。

5. 若定义了 char *str ="www.eurasia.edu"；则 printf (" %c", *str) 的输出是______ ；printf ("%s", str+4)的输出是________。

6. 设有以下语句：

```
static int a[3][2]={1, 2, 3, 4, 5, 6};
int (*p) [2];
p=a;
```

则*(a+2)+1 是元素______的地址，*(*(a+2)+1)的值为____，*(*(p+1)+1)的值为____，*(p+2)是元素______的地址。

7. 执行以下程序段后，sum 的值为____。

```
static int  a[3][3]={7, 2, 1, 3, 4, 8, 9, 2, 6};
```

```
int sum, *p;
p=a[0];
sum=(*p)*(*(p+4))*(*(p+8));
```

三、阅读程序，写出结果

1. 以下程序的运行结果是______。

```
main( )
{
      static int a[ ]={5,8,7,3,2,9};
      int s1,s2,i,*ptr;
      s1=s2=0;
      ptr=&a[0];
      for (i=0; i<5; i +=2)
      {
          s1+=*(ptr+i);
          s2+=*(ptr+i+1);
      }
      printf("s1=%d,s2=%d\n",s1,s2);
}
```

2. 以下程序的运行结果是______。

```
main( )
{
      char a[ ]="This is a computer.", b[20];
      int i=0;
      while (a[i ]!='\0')
      {
          b[i]=a[i];
          i++;
      }
      b[i]='\0';
      printf ("string a is: %s\n", a);
      printf ("string b is:   ");
      for (i=0; * (b+i) !='\0'; i++)
      printf ("%c", * (b+i));
      printf ("\n");
}
```

3. 以下程序的运行结果是______。

```
# include <stdio. h>
main()
{
      int a[  ]={1,5,7,9,11,13};
```

```
    int  *p;
    p=a+3;
    printf ("%d,%d\n",*p,*p++);
    printf("%d,%d\n",*(p-2),*(a+4)) ;
  }
```

4. 以下程序的执行结果是______。

```
#include <string.h>
main ( )
{
    char *p1,*p2,str[20]="xyz";
    p1="abcd";
    p2="ABCD";
    strcpy (str+1,strcat (p1+1,p2+1));
    printf ("%s",str);
}
```

5. 以下程序的执行结果是______。

```
# include <stdio.h>
main ( )
{
    int a[ ]={1,2,3,4,5,6},*p;
    for (p=&a[5];p>=a;p--)
    printf ("%d",*p);
    printf ("\n");
 }
```

6. 以下程序的执行结果是______。

```
# include <stdio.h>
main ( )
{
     int a[ ]={1,2,3,4};
     int *p,**q;
     p=a;
     q=&a;
     printf("%d",*(p++));
     printf("%d\n",**q);
}
```

7. 以下程序的执行结果是______。

```
#include<string.h>
main( )
{
    char *p1,*p2,str[80]="one";
```

```
    p1="two";
    p2="three";
    strcpy(str+2,strcat(p1+1,p2+2));
    printf("%s\n",str);
}
```

8. 以下程序的执行结果是_______。

```
main( )
{
    char a[3][9]={ "1.23\nabc","456\0xyz","789"},*p[3];
    int i;
    for(i=0;i<3;i++) p[i]=a[i];
    for(i=0;i<3;i++) printf("%s",p[i]);
}
```

9. 以下程序的执行结果是_______。

```
main( )
{
    char *str="I am not a teacher";
    printf("%s",str+9);
}
```

10. 以下程序的执行结果是_______。

```
main( )
{
    char str[ ]= "abcxyz",*p;
    for(p=str;*p; p+=2)
    printf("%s",p);
    printf("\n");
}
```

四、编程题

1. 输入3个整数，按由小到大的顺序输出。

2. 已知一个整型数组x[4],它的各元素值分别为3、11、8和22。使用指针表示法编程序，求该数组各元素之积。

3. 输入10个整数，将其中最小的数与第一个数对换，把最大的数与最后一个数对换。

4. 将 *n* 个数按输入顺序的逆序排列。

5. 要求从键盘为y[4][4]数组输入数据，用一维数组指针变量输入输出数组元素，并且分别求出主、次对角线元素之和。

6. 编写一个将一个字符串插入到另一个字符串的指定位置的程序。

第8章　函　　数

章前导读

家里地板脏了怎么办？

拿起扫帚，自个儿扫呗。当然，在扫之前要对地板上的各种“脏”东西定好数据类型，针对不同的“数据类型”，我们需要进行不同的处理。如果是废纸，则无情地扫进垃圾桶；但若是在地上发现一张百元大钞，则应该脉脉含情地捡起放在胸口：“你让我找得好苦呀”。

在扫地的过程中，当然也在不停地使用“流程控制”。比如家里有3间房子，则应该是一个循环。而每一间房子的打扫过程也是一个循环过程：从某个角落的地板开始，向另一个角落前进，不断地重复动作。中间当然还需进行条件判断：比如前面所说的对地面脏物的判断，再如if（这一小块地面不脏），则continue到下一块地面……

我们学了数据类型、常量、变量，所以我们有了表达问题中的各种数据的能力。

我们还学了“流程控制”，所以我们还会针对各个问题，用正确的流程组合解决问题，从而形成解决问题的方法。

看起来我们已经拥有了从根本上解决任何问题的能力。但是：

家里电视坏了怎么办？

呃？这个，我不是学电器专业的。我只会看电视，我不会修理电视。

这时候我们的办法是打一个电话请专业的修理师上门修理。

还有很多问题的解决办法都和修电视类似，即：我们自己没有这个能力，但我们可以“调用”一个具备这样能力的人来进行。

函数在程序中就相当于具备某些功能的一段相对独立的、可以被调用的代码。是的，函数就是一段代码，代码也就是我们前面学的由变量、常量、流程控制等写成的一行行的语句。这些语句以一种约定形式存在着，等待我们去调用。

其实我们已经用过函数了。给你一个数5.678，能帮我求出它的平方根吗？想起来了吗？在前面学过sqrt()函数。

一段用来被调用的代码，这就是函数的本质。当然，使用函数在程序中还有许多其他的作用，但我们将从这个最关键的地方讲起：C语言的环境给我们提供了怎样的函数？我们要定义自己的函数又该如何进行？

8.1　C函数概述

在前面已经介绍过，C语言源程序是由函数组成的。虽然在前面各章的程序中大都只有一个主函数main()，但实用程序往往由多个函数组成。函数是C语言源程序的基本模块，通过对函数模块的调用实现特定的功能。C语言中的函数相当于其他高级语言的子程序。C语言不仅提供了极为丰富的库函数（如Turbo C、MS C都提供了300多个库函数），而且还允许用户自己定义函数。用户可把自己的算法编成一个个相对独立的函数模块，然后用函数调用的方式来使用函数。可以说 C 程序的全部工作都是由各式各样的函数来完成的，所以又把 C 语言称为函数式语言。

由于采用了函数模块式的结构，C 语言易于实现结构化程序设计。这使程序的层次结构清晰，便于程序的编写、阅读、调试。

在 C 语言中可从不同的角度对函数进行分类。

从函数定义的角度看，函数可分为库函数和用户定义函数两种。

（1）库函数：由 C 语言系统提供，用户无须定义，也不必在程序中作类型说明，只需在程序前包含有该函数原型的头文件即可在程序中直接调用。在前面各章的例题中反复用到的 printf、scanf、getchar、putchar、gets、puts、strcat 等函数均属此类。

（2）用户定义函数：由用户按需要写的函数。对于用户自定义函数，不仅要在程序中定义函数本身，而且在主调函数（调用它的函数）模块中还必须对该被调用函数进行类型说明，然后才能使用。

C 语言的函数兼有其他语言中的函数和过程两种功能。从这个角度看，又可把函数分为有返回值函数和无返回值函数两种。

（1）有返回值函数：此类函数被调用执行完后将向主调函数返回一个执行结果，称为函数返回值。如数学函数即属于此类函数。由用户定义的这种要返回函数值的函数，必须在函数定义和函数说明中明确返回值的类型。

（2）无返回值函数：此类函数用于完成某项特定的处理任务，执行完成后不向主调函数返回函数值。这类函数类似于其他语言的过程。由于函数无须返回值，用户在定义此类函数时可指定它的返回为“空类型”，空类型的说明符为“void”。

从主调函数和被调函数之间数据传送的角度看函数又可分为无参函数和有参函数两种。

（1）无参函数：函数定义、函数说明及函数调用中均不带参数。主调函数和被调函数之间不进行参数传送。此类函数通常用来完成一组指定的功能，可以返回或不返回函数值。

（2）有参函数：也称为带参函数。在函数定义及函数说明时都有参数，称为形式参数（简称为形参）。在函数调用时也必须给出参数，称为实际参数（简称为实参）。进行函数调用时，主调函数将把实参的值传送给形参，供被调函数使用。

C 语言提供了极为丰富的库函数，这些库函数又可从功能的角度作以下分类。

（1）字符类型分类函数：用于对字符按 ASCII 码分类，包括字母、数字、控制字符、分隔符等。

（2）转换函数：用于字符或字符串的转换，在字符量和各类数字量（整型、实型等）之间进行转换，在大、小写之间进行转换。

（3）目录路径函数：用于文件目录和路径操作。

（4）诊断函数：用于内部错误检测。

（5）图形函数：用于屏幕管理和各种图形功能。

（6）输入/输出函数：用于完成输入/输出功能。

（7）接口函数：用于与 DOS、BIOS 和硬件的接口。

（8）字符串函数：用于字符串操作和处理。

（9）内存管理函数：用于内存管理。

（10）数学函数：用于数学函数计算。

（11）日期和时间函数：用于日期、时间转换操作。

（12）进程控制函数：用于进程管理和控制。

（13）其他函数：用于其他各种功能。

以上各类函数不仅数量多，而且有的还需要具备硬件知识才会使用，因此要想全部掌握需要一个较长的学习过程。读者应首先掌握一些最基本、最常用的函数，再逐步深入。由于课时关系，我们只介绍一部分库函数，其余部分读者可根据需要查阅有关手册。

还应该指出的是，在 C 语言中，所有的函数定义，包括主函数 main 在内，都是平行的。也就是说，在一个函数的函数体内，不能再定义另一个函数，即不能嵌套定义。但是函数之间允许相互调用，也允许嵌套调用。通常习惯把调用者称为主调函数。函数还可以自己调用自己，称为递归调用。

main 函数是主函数，它可以调用其他函数，而不允许被其他函数调用。因此，C 程序的执行总是从 main 函数开始，完成对其他函数的调用后再返回到 main 函数，最后由 main 函数结束整个程序。一个 C 源程序必须有也只能有一个主函数 main 函数。

8.2　函数定义的一般形式

8.2.1　无参函数的定义形式

无参函数的定义形式如下：

类型标识符　函数名()

{

　　声明部分

　　语句

}

其中，类型标识符（类型说明符）和函数名称为函数头。类型标识符指明了本函数的类型，函数的类型实际上是函数返回值的类型。该类型标识符与前面介绍的各种说明符相同。函数名是由用户定义的标识符，函数名后有一个空括号，其中无参数，但括号不可少。

{}中的内容称为函数体。在函数体中的声明部分，是对函数体内部所用到的变量、数组、函数等的说明。

在很多情况下都不要求无参函数有返回值，此时函数的类型标识符可以写为 void。

可以改写一个函数定义：

```
void Hello()
{
    printf ("Hello,world \n");
}
```

这里，只把“main”改为“Hello”作为函数名，其余不变。Hello 函数是一个无参函数，当被其他函数调用时，输出“Hello world”一串字符。

8.2.2 有参函数定义的一般形式

有参函数的定义形式如下：

类型标识符　函数名（形式参数表列）

{

　　声明部分

　　语句

}

有参函数比无参函数多了一个内容，即形式参数表列。在形参表中给出的参数称为形式参数，它们可以是各种类型的变量、数组等，各参数之间用逗号间隔。在进行函数调用时，主调函数将赋予这些形式参数实际的值。形参既然是变量、数组等，就必须在形参表中给出形参的类型说明。

例如，定义一个函数，用于求两个数中的大数，可写为：

```
int max(int a, int b)
{
    if (a>b) return a;
    else return b;
}
```

第一行说明 max 函数是一个整型函数，其返回的函数值是一个整数。形参 a、b 均为整型量，a、b 的具体值是由主调函数在调用时传送过来的。在{}中的函数体内，除形参外没有使用其他变量，因此只有语句而没有声明部分。在 max 函数体中的 return 语句是把 a（或 b）的值作为函数的值返回给主调函数的。有返回值的函数中至少应有一个 return 语句。

在 C 程序中，一个函数的定义可以放在任意位置，既可以放在主函数 main 之前，也可以放在 main 函数之后。

例如：可把 max 函数放在 main 函数之后，也可以把它放在 main 函数之前。修改后的程序如下所示。

【例 8.1】

```
int max(int a,int b)
{
    if(a>b)return a;
    else return b;
}
main()
{
    int max(int a,int b);
    int x,y,z;
    printf("input two numbers:\n");
    scanf("%d%d",&x,&y);
    z=max(x,y);
```

```
    printf("maxnum=%d",z);
}
```

现在可以从函数定义、函数说明及函数调用的角度来分析整个程序，从中进一步了解函数的各个特点。

程序的第1行至第5行为max函数的定义。进入主函数后，因为准备调用max函数，故先对max函数进行说明（程序第8行）。函数定义和函数说明并不是一回事，在后面还要专门讨论。可以看出函数说明与函数定义中的函数头部分相同，但是末尾要加分号。程序第12行为调用max函数，并把x、y的值传送给max的形参a、b。max函数执行的结果（a或b）将返回给变量z。最后由主函数输出z的值。

8.3 函数的参数和函数的值

8.3.1 形式参数和实际参数

前面已经介绍过，函数的参数分为形参和实参两种。在本小节中，将进一步介绍形参、实参的特点和两者的关系。形参出现在函数定义中，在整个函数体内都可以使用，离开该函数则不能使用。实参出现在主调函数中，进入被调函数后，实参也不能使用。形参和实参的功能是作数据传送。发生函数调用时，主调函数把实参的值传送给被调函数的形参从而实现主调函数向被调函数的数据传送。

函数的形参和实参具有以下特点。

（1）形参只有在被调用时才分配内存单元，在调用结束时，即刻释放所分配的内存单元。因此，形参只有在被调函数内部有效，函数调用结束返回主调函数后则不能再使用。

（2）形参可以是变量或数组；实参可以是常量、变量、数组、表达式、函数名等，无论实参是何种类型的量，在进行函数调用时，它都必须具有确定的值，以便把这些值传送给形参。因此应预先用赋值、输入等方式使实参获得确定值。

（3）实参和形参在数量、类型、顺序上应严格一致，否则会出现类型不匹配的错误。

（4）函数调用中形参与实参间的数据传送是单向的，即只能把实参的值传送给形参，而不能把形参的值反向地传送给实参。因此在函数调用过程中，形参的值发生改变，而实参中的值不会变化。

【例8.2】形参的值发生改变，而实参中的值不会变化。

```
main()
{
    int n;
    printf("input number\n");
    scanf("%d",&n);
    s(n);
    printf("n=%d\n",n);
}
void s(int n)
```

```
{
    int i;
    for(i=n-1;i>=1;i--)
        n=n+i;
    printf("n=%d\n",n);
}
```

本程序中定义了一个函数 s，该函数的功能是求$\sum_{i=1}^{n} i$的值。在主函数中输入 n 值，并作为实参，在调用时传送给 s 函数的形参变量 n（注意，例 8.2 的形参变量和实参变量的标识符都为 n，但这是两个不同的量，各自的作用域不同，只在所在的函数中起作用）。在主函数中用 printf 语句输出一次 n 的值，这个 n 的值是实参 n 的值。在函数 s 中也用 printf 语句输出了一次 n 的值，这个 n 的值是形参最后取得的 n 的值。从运行情况看，输入 n 的值为 100，即实参 n 的值为 100。把此值传给函数 s 时，形参 n 的初值也为 100，在执行函数过程中，形参 n 的值变为 5 050。返回主函数之后，输出实参 n 的值仍为 100。可见实参的值不随形参的变化而变化。

8.3.2 函数的返回值

函数的值是指函数被调用时，执行函数体中的程序段所取得的并返回给主调函数的值。如调用正弦函数取得正弦值，调用例 8.1 的 max 函数取得的最大数等。对函数的值（或称函数返回值）有以下一些说明。

（1）函数的值只能通过 return 语句返回主调函数。return 语句的一般形式为：

return 表达式；

或者为：

return（表达式）；

该语句的功能是计算表达式的值，并返回给主调函数。在函数中允许有多个 return 语句，但每次调用只能有一个 return 语句被执行，因此只能返回一个函数值。

（2）函数值的类型和 return 语句中表达式值的类型应保持一致。如果两者不一致，则以函数类型为准，自动进行类型转换。

（3）如函数值为整型，在函数定义时可以省去类型说明。

（4）不返回函数值的函数，可以明确定义为“空类型”，类型说明符为“void”。如例 8.2 中函数 s 并不向主函数返函数值，因此可定义为：

```
void s(int n)
{
    …
}
```

一旦函数被定义为空类型后，就不能在主调函数中使用被调函数的函数值了。例如，在定义 s 为空类型后，在主函数中写语句：

```
sum=s(n);
```

就是错误的。

为了使程序有良好的可读性并减少出错，凡不要求返回值的函数都应定义为空类型。

8.4 函数的调用

8.4.1 函数调用的一般形式

前面已经说过，在程序中是通过对函数的调用来执行函数体的，其过程与其他语言的子程序调用相似。

C 语言中，函数调用的一般形式为：

函数名（实际参数表）

对无参函数调用时则无实际参数表。实际参数表中的参数可以是常量、变量、数组、表达式、函数名，各实参之间用逗号分隔。

8.4.2 函数调用的方式

在 C 语言中，可以用以下几种方式调用函数。

（1）函数表达式：函数作为表达式中的一项出现在表达式中，以函数返回值参与表达式的运算，这种方式要求函数是有返回值的。例如：z=max(x,y)是一个赋值表达式，把 max 的返回值赋予变量 z。

（2）函数语句：函数调用的一般形式加上分号即构成函数语句。如：printf ("%d",a)；和 scanf("%d",&b)；都是以函数语句的方式调用的。

（3）函数实参：函数调用作为另一个函数的实际参数。这种情况是把该函数的返回值作为实参进行传送的，因此要求该函数必须是有返回值的。例如：printf("%d",max(x,y))；即是把 max 调用的返回值又作为 printf 函数的实参来使用的。

在函数调用中还应该注意的一个问题是求值顺序的问题。所谓求值顺序是指对实参表中各实参是自左至右计算，还是自右至左计算。对此，各系统的规定不一定相同。这些在介绍 printf 函数时已提到过，这里从函数调用的角度再强调一下。

【例 8.3】函数调用中实参的求值顺序。

```
main()
{
    int i=8;
    printf("%d\n%d\n%d\n%d\n",++i,--i,i++,i--);
}
```

如按照从右至左的顺序求值，运行结果应为：

```
8
7
7
8
```

如从左至右求值，结果应为：

```
9
8
8
9
```

应特别注意的是，无论是从左至右求值，还是自右至左求值，其输出顺序都是不变的，即输出顺序总是和实参表中实参的顺序相同。

8.4.3 被调用函数的声明

在主调函数中调用某函数之前应对该被调函数进行说明（声明），这与使用变量之前要先进行变量说明是一样的。在主调函数中对被调函数作说明的目的是使编译系统知道被调函数返回值的类型，以便在主调函数中按此种类型对返回值作相应的处理。

其一般形式为：

类型说明符 被调函数名（类型 形参，类型 形参…）；

或为：

类型说明符 被调函数名（类型，类型…）；

括号内给出了形参的类型和形参名，或只给出形参类型，这便于编译系统进行检错，以防止可能出现的错误。

如例 8.1 的 main 函数中对 max 函数的说明为：

```
int max(int a,int b);
```

或写为：

```
int max(int,int);
```

C 语言中又规定在以下几种情况时可以省去在主调函数中对被调函数的说明。

（1）如果被调函数的返回值是整型或字符型时，可以不对被调函数作说明，而直接调用。这时系统将自动对被调函数返回值按整型处理。例 8.2 的主函数中未对函数 s 作说明而直接调用即属此种情形。

（2）当被调函数的函数定义出现在主调函数之前时，在主调函数中也可以不对被调函数再作说明而直接调用。例如例 8.1 中，函数 max 的定义放在 main 函数之前，因此可在 main 函数中省去对 max 函数的说明。

（3）如在所有函数的定义之前，在函数外预先说明了各个函数的类型，则在以后的各主调函数中，可不再对被调函数作说明。例如：

```
char str(int a);
float f(float b);
main()
{
    …
}
char str(int a)
{
```

```
    …
}
float f(float b)
{
    …
}
```

其中第一、二行对 str 函数和 f 函数预先作了说明。因此在以后各函数中无须对 str 和 f 函数再作说明就可直接调用。

（4）对库函数的调用不需要再作说明，但必须把该函数的头文件用#include 命令包含在源程序前部。

8.5　函数的嵌套调用

C 语言中不允许作嵌套的函数定义，因此各函数之间是平行的，不存在上一级函数和下一级函数的问题。但是 C 语言允许在一个函数的定义中出现对另一个函数的调用，这样就出现了函数的嵌套调用，即在被调函数中又调用其他函数，这与其他语言的子程序嵌套的情形是类似的，其关系可表示为图 8–1。

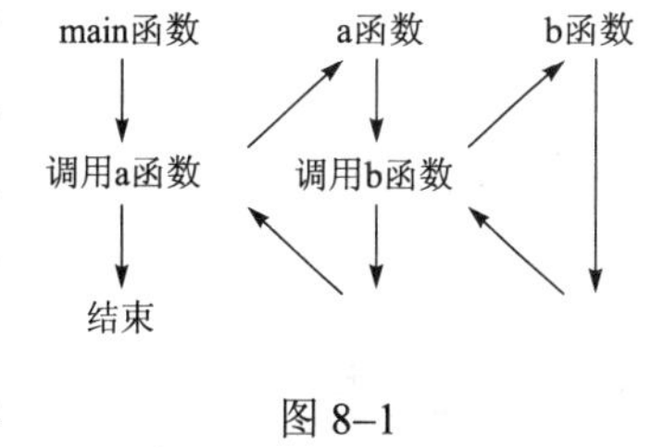

图 8–1

图 8–1 表示了两层嵌套的情形。其执行过程是：执行 main 函数中调用 a 函数的语句时，即中断 main 函数的执行，转去执行 a 函数；在 a 函数中调用 b 函数时，中断 a 函数的执行，又转去执行 b 函数，b 函数执行完毕，返回 a 函数的断点继续执行，a 函数执行完毕，返回 main 函数的断点继续执行。

【例 8.4】计算 $s=2^2!+3^2!$

本题需编写两个函数，一个是用来计算平方值的函数 f1，另一个是用来计算阶乘值的函数 f2。主函数先调用 f1 计算出平方值，再在 f1 中以平方值为实参，调用 f2 计算其阶乘值，然后返回 f1，再返回主函数，在循环程序中计算累加和。

```
long f1(int p)
{
    int k;
    long r;
    long f2(int);
    k=p*p;
    r=f2(k);
    return r;
}
long f2(int q)
{
    long c=1;
    int i;
```

```
    for(i=1;i<=q;i++)
        c=c*i;
    return c;
}
main()
{
    int i;
    long s=0;
    for (i=2;i<=3;i++)
        s=s+f1(i);
    printf("\ns=%ld\n",s);
}
```

在程序中，main函数调用在其前定义的long类型f1函数，而无须说明f1函数。f1函数调用在其后定义的long类型f2函数，则需说明f2函数。main函数分别以2和3调用f1函数，得到2^2和3^2，同时f1函数分别以2^2和3^2调用f2函数，得到$2^2!$和$3^2!$，返回main函数，得到$2^2!+3^2!$，实现了题目的要求。由于数值较大，所以函数和一些变量的类型都说明为长整型，否则会造成计算错误。

8.6 函数的递归调用

一个函数调用它自身称为递归调用，这种函数称为递归函数。递归分直接递归和间接递归。C语言允许函数的递归调用。在递归调用中，主调函数又是被调函数。执行递归函数将反复调用其自身，每调用一次就进入新的一层。

例如有函数f如下：

```
int f(int x)
{
    int y;
    y=f(x);
    return y;
}
```

这个函数是一个递归函数。但是运行该函数将无休止地调用其自身，这当然是不正确的。为了防止递归调用无终止地进行，必须在函数内有终止递归调用的手段。常用的办法是加条件判断，满足某种条件后就不再作递归调用，然后逐层返回。下面举例说明递归调用的执行过程。

【例8.5】用递归法计算n!

用递归法计算n!可用下述公式表示：

```
n!=1            (n=0,1)
n×(n-1)!        (n>1)
```

按公式可编程如下：

```
long ff(int n)
{
    long f;
    if(n<0)
        printf("n<0,input error");
    else
        if(n==0||n==1)
            f=1;
        else
            f=ff(n-1)*n;
    return(f);
}
main()
{
    int n;
    long y;
    printf("\ninput a inteager number:\n");
    scanf("%d",&n);
    y=ff(n);
    printf("%d!=%ld",n,y);
}
```

程序中给出的函数 ff 是一个递归函数。主函数调用 ff 后即进入函数 ff 执行阶段，n<0、n=0 或 n=1 都将结束函数的执行，否则就递归调用 ff 函数自身。由于每次递归调用的实参为 n–1，即把 n–1 的值赋予形参 n，最后当 n–1 的值为 1 时，形参 n 的值也为 1，递归终止，然后可逐层退回。

下面再举例说明该过程。设执行本程序时输入为 5，即求 5!。在主函数中的调用语句即为 y=ff（5），进入 ff 函数后，由于 n=5，不等于 0 或 1，故应执行 f=ff(n–1)*n，即 f=ff(5–1)*5。该语句对 ff 作递归调用即 ff（4）。

进行 4 次递归调用后，ff 函数形参取得的值变为 1，故不再继续递归调用而开始逐层返回主调函数。ff（1）的返回值为 1，ff（2）的返回值为 1*2=2，ff（3）的返回值为 2*3=6，ff（4）的返回值为 6*4=24，最后返回值 ff（5）为 24*5=120。

例 8.5 也可以不用递归的方法来完成。如可以用递推法，即从 1 开始乘以 2，再乘以 3，…直到 n。递推法比递归法更容易理解和实现。但是有些问题则只能用递归算法才能实现，典型的问题是 Hanoi（汉诺）塔问题。

【例 8.6】 Hanoi（汉诺）塔问题。

这是一个古典数学问题，是一个只有用递归方法（而不可能用其他方法）才能解决的问题。问题是这样的：古代有一个梵塔，塔内有 3 个座 A、B、C，开始时 A 座上有 64 个盘子，盘子大小不等，大的在下，小的在上。有一个老和尚想把这 64 个盘子从 A 座移到 C 座，但每次只允许移动一个盘，且在移动过程中每个座上都始终保持大盘在下，小盘在上。在移动过程中可以利用 B 座，要求编程序打印出移动的步骤。

本题算法分析如下：

设 A 上有 n 个盘子。

如果 n=1，则将圆盘从 A 直接移动到 C。

如果 n=2，则：

（1）将 A 上的 n–1（等于 1）个圆盘移到 B 上；

（2）再将 A 上的 1 个圆盘移到 C 上；

（3）最后将 B 上的 n–1（等于 1）个圆盘移到 C 上。

如果 n=3，则：

（1）将 A 上的 n–1（等于 2，令其为 n`）个圆盘移到 B（借助于 C），步骤如下：

① 将 A 上的 n`–1（等于 1）个圆盘移到 C 上；

② 将 A 上的 1 个圆盘移到 B；

③ 将 C 上的 n`–1（等于 1）个圆盘移到 B。

（2）将 A 上的 1 个圆盘移到 C。

（3）将 B 上的 n–1（等于 2，令其为 n`）个圆盘移到 C（借助 A），步骤如下：

① 将 B 上的 n`–1（等于 1）个圆盘移到 A；

② 将 B 上的 1 个圆盘移到 C；

③ 将 A 上的 n`–1（等于 1）个圆盘移到 C。

到此，完成了 3 个圆盘的移动过程。

从上面分析可以看出，当 n 大于等于 2 时，移动的过程可分解为 3 个步骤：

（1）把 A 上的 n–1 个圆盘移到 B 上；

（2）把 A 上的 1 个圆盘移到 C 上；

（3）把 B 上的 n–1 个圆盘移到 C 上；其中第一步和第三步是类同的。

当 n=3 时，第一步和第三步又分解为类同的 3 步，即把 n`–1 个圆盘从一个座移到另一个座上，这里的 n`=n–1。显然这是一个递归过程，据此算法可编程如下：

```
move(int n,int x,int y,int z)
{
    if(n==1)
        printf("%c-->%c\n",x,z);
    else
    {
        move(n-1,x,z,y);
        printf("%c-->%c\n",x,z);
        move(n-1,y,x,z);
    }
}
main()
{
    int h;
```

```
    printf("\ninput number:\n");
    scanf("%d",&h);
    printf("the step to moving %2d diskes:\n",h);
    move(h,'a','b','c');
}
```

从程序中可以看出，move 函数是一个递归函数，它有 4 个形参 n、x、y、z。n 表示圆盘数，x、y、z 分别表示 3 个座。move 函数的功能是把 x 上的 n 个圆盘移动到 z 上。当 n==1 时，直接把 x 上的圆盘移至 z 上，输出 x→z。如 n!=1 则分为 3 步：① 递归调用 move 函数，把 n−1 个圆盘从 x 移到 y; ② 输出 x→z; ③ 递归调用 move 函数，把 n−1 个圆盘从 y 移到 z。在递归调用过程中 n=n−1，故 n 的值逐次递减，最后 n=1 时，终止递归，逐层返回。当 n=4 时程序运行的结果为：

```
input number:
4
the step to moving 4 diskes:
a→b
a→c
b→c
a→b
c→a
c→b
a→b
a→c
b→c
b→a
c→a
b→c
a→b
a→c
b→c
```

8.7　函数的指针和指向函数的指针变量

在 C 语言中，一个函数总是占用一段连续的内存区，函数名就是该函数所占内存区的首地址。我们可以把函数的这个首地址（或称入口地址）赋予一个指针变量，使该指针变量指向该函数。这样通过指针变量就可以找到并调用这个函数了。我们把这种指向函数的指针变量称为“函数指针变量”。

函数指针变量定义的一般形式为：

类型说明符（*指针变量名）();

其中“类型说明符”表示被指函数的返回值的类型。“(＊指针变量名)”表示“*”后面的变量是定义的指针变量。最后的空括号表示指针变量所指的是一个函数。

例如：

```
int (*pf)();
```

表示pf是一个指向函数入口的指针变量，该函数的返回值（函数值）是整型。

【例8.7】本例用来说明用指针形式实现对函数调用的方法。

```
int max(int a,int b)
{
   if(a>b)return a;
   else return b;
}
main()
{
    int max(int a,int b);
    int (*pmax)();
    int x,y,z;
    pmax=max;
    printf("input two numbers:\n");
    scanf("%d%d",&x,&y);
    z=(*pmax)(x,y);
    printf("maxnum=%d",z);
}
```

从上述程序可以看出用函数指针变量形式调用函数的步骤如下所示。

（1）先定义函数指针变量，如程序中第9行int(*pmax)()；定义pmax为函数指针变量。

（2）把被调函数的入口地址（函数名）赋予该函数指针变量，如程序中第11行pmax=max。

（3）用函数指针变量形式调用函数，如程序第14行z=(*pmax)(x,y)。

（4）调用函数的一般形式为：

(*指针变量名)(实参表)

使用函数指针变量还应注意以下两点。

（1）函数指针变量不能进行算术运算，这与数组指针变量是不同的。数组指针变量加减一个整数可使指针指向后面或前面的数组元素，而函数指针的移动是毫无意义的。

（2）函数调用中"(*指针变量名)"两边的括号不可少，其中的*不应该理解为求值运算，在此处它只是一种表示符号。

8.8 返回指针值的函数

前面已介绍过，所谓函数的类型是指函数返回值的类型。在C语言中允许一个函数的返回值是一个指针（即地址），这种返回指针值的函数称为指针型函数。

定义指针型函数的一般形式为：

```
类型说明符  *函数名（形参表）
{
    …              /*函数体*/
}
```

其中函数名之前加了“*”号表明这是一个指针型函数，即返回值是一个指针。类型说明符表示了返回的指针值指向的数据的类型。

如：

```
int *ap(int x,int y)
{
  ...           /*函数体*/
}
```

表示 ap 是一个返回指针值的指针型函数，它返回的指针指向一个整型数据。

【例 8.8】 本程序是通过指针函数，输入一个 1～7 之间的整数，输出对应的星期名。

```
main()
{
    int i;
    char *day_name(int n);
    printf("input Day No:\n");
    scanf("%d",&i);
    if(i<0)
        exit (1) ;
    printf("Day No:%2d-->%s\n",i,day_name(i));
}
char *day_name(int n)
{
    static char *name[]={ "Illegal day",
                          "Monday",
                          "Tuesday",
                          "Wednesday",
                          "Thursday",
                          "Friday",
                          "Saturday",
                          "Sunday"};
    return((n<1||n>7)? name[0] : name[n]);
}
```

本例中定义了一个指针型函数 day_name，它的返回值指向一个字符串。该函数中定义了一个静态指针数组 name（指针数组定义为静态型是为保持其在主调函数中的有效性），初始化赋值为 8 个字符串，分别表示各个星期名及出错提示。该函数的形参 n 表示与星期名所对应的整数。在主函数中，把输入的整数 i 作为实参，在 printf 语句中调用 day_name 函数。n

值若大于 7 或小于 1，则把 name[0]指针返回主函数、输出出错提示字符串“Illegal day”；否则，返回主函数，输出对应的星期名。主函数中的第 7 行是个条件语句，表示若输入为负数(i<0)，则中止程序运行。exit 是一个库函数，exit（1）表示发生错误后退出程序，exit(0)表示正常退出。

应该特别注意的是函数指针变量和指针型函数这两者在写法和意义上的区别。如 int(*p)()和 int*p()是两个完全不同的量：int (*p)()是一个变量说明，说明 p 是一个指向函数入口的指针变量，该函数的返回值是整型量，(*p)两边的括号不能少；int*p()则不是变量说明，而是函数说明，说明 p 是一个指针型函数，其返回值是一个指向整型量的指针，*p 两边没有括号。作为函数说明，在括号内最好写入形式参数，这样便于与变量说明区别。

对于指针型函数的定义，int*p()只是函数头部分，一般还应该有函数体部分。

8.9 局部变量和全局变量

在讨论函数的形参时曾经提到，形参只在被调用期间才分配内存单元，调用结束立即释放。这一点表明形参只有在函数内才是有效的，离开该函数就不能再使用了。这种有效性的范围称作用域。不仅对于形参变量，C 语言中所有的量（变量、数组、函数）都有自己的作用域。变量定义的方式不同，其作用域也不同。C 语言中的变量，按作用域范围可分为两种，即局部变量和全局变量。

8.9.1 局部变量

局部变量也称为内部变量。局部变量是在函数内定义的，其作用域仅限于函数内，离开该函数后再使用这种变量是非法的。

例如：

```
int f1(int a)          /*函数 f1*/
{
    int b,c;
    …
}
int f2(int x)          /*函数 f2*/
{
    int y,z;
    …
}
main()
{
    int m,n;
    …
}
```

在函数 f1 内定义了 3 个变量，a 为形参，b、c 为一般变量。在 f1 的范围内 a、b、c 有效，或者说 a、b、c 变量的作用域限于 f1 内。同理，x、y、z 的作用域限于 f2 内，m、n 的作用域限于 main 函数内。关于局部变量的作用域还要说明以下几点。

（1）主函数中定义的变量只能在主函数中使用，不能在其他函数中使用，主函数中也不能使用其他函数中定义的变量。因为主函数也是一个函数，它与其他函数是平行关系。这一点是与其他语言不同的，应予以注意。

（2）形参变量是属于被调函数的局部变量，实参变量是属于主调函数的局部变量。

（3）允许在不同的函数中使用相同的变量名，它们代表不同的对象，分配不同的单元，互不干扰，也不会发生混淆。

（4）在复合语句中也可定义变量，其作用域只在该复合语句范围内。

例如：

```
main()
{
    int s,a;
    …
    {
        int b;
        s=a+b;
        …
    }
    …
}
```

【例 8.9】

```
main()
{
    int i=2,j=3,k;
    k=i+j;
    {
        int k=8;
        printf("%d\n",k);
    }
    printf("%d\n",k);
}
```

本程序在 main 函数中定义了 i、j、k 3 个变量，其中 k 未赋初值。在复合语句中定义了一个变量 k，并赋初值为 8。应该注意这两个 k 不是同一个变量，在复合语句外由 main 函数中定义的 k 起作用，而在复合语句内则由在复合语句内定义的 k 起作用。因此，程序第 4 行的 k 值应为 5，第 7 行输出值为 8。

8.9.2　全局变量

全局变量也称为外部变量，它是在函数外部定义的变量，它不属于哪一个函数，其作用域是从定义位置至整个源程序结束。在作用域外的函数中使用全局变量，应作全局变量说明，说明符为 extern。

例如：

```
int a,b;          /*外部变量*/
void f1()         /*函数 f1*/
{
    …
}
float x,y;        /*外部变量*/
int fz()          /*函数 fz*/
{
    …
}
main()            /*主函数*/
{
    …
}
```

从上例可以看出 a、b、x、y 都是在函数外部定义的变量，都是全局变量。但 x、y 定义在函数 f1 之后，而在 f1 内又无对 x、y 的说明，所以它们在 f1 内无效。

【例 8.10】输入正方体的长宽高 l、w、h，求体积及 3 个面的面积。

```
int s1,s2,s3;                  /* 全局变量 */
int vs(int a,int b,int c)
{
    int v;
    v=a*b*c;
    s1=a*b;
    s2=b*c;
    s3=a*c;
    return v;
}
main()
{
    int v,l,w,h;
    printf("\ninput length,width and height\n");
    scanf("%d%d%d",&l,&w,&h);
    v=vs(l,w,h);
    printf("\nv=%d,s1=%d,s2=%d,s3=%d\n",v,s1,s2,s3);
}
```

【例 8.11】外部变量与局部变量同名。

```
int a=3,b=5;      /*a,b 为外部变量*/
max(int a,int b) /*a,b 为局部变量*/
{
    int c;
    c=a>b?a:b;
    return(c);
}
main()
{
    int a=8;
    printf("%d\n",max(a,b));
}
```

运行结果为：

```
8
```

如果同一个源文件中，外部变量与局部变量同名，则在局部变量的作用范围内，外部变量被“屏蔽”，即它不起作用。

8.10 函数间的数据传递

函数调用中的数据传递是函数使用中比较复杂的问题。函数间的数据传递可采用返回值方式、全局变量方式和参数方式。

8.10.1 返回值方式

返回值方式是通过函数调用后直接返回一个值到主调函数中的，是从被调函数向主调函数传递数据。

【例 8.12】 求 4 个整数（x、y、z、w）之间差值的最大值。

```
int max(x1,x2,x3)
int x1,x2,x3;
{
    int m;
    if(x1>x2)m=x1;
    else m=x2;
    if(x3>m)m=x3;
    return(m);
}
main()
{
    int x,y,z,w,m;
    scanf("%d%d%d%d",&x,&y,&z,&w);
```

```
    m=max(x-y,y-x,z-w);              /* 表达式实参 */
    pringf("max=%d\n",m);
}
```

8.10.2 全局变量方式

全局变量方式是利用在主调函数和被调函数中均有效的全局变量，在主调函数和被调函数之间任意传递数据。

参见例 8.10。

8.10.3 参数方式

参数方式是在形参和实参之间传递数据，是从主调函数向被调函数传递，即由实参传递给形参，而且传递的数据可以是值也可以是地址，即可分为值传递和地址传递。

1. 值传递

值传递时，形参只能是变量（不包含指针变量），相应的实参可以是非地址型的常量、变量、表达式。

参见例 8.12。

【例 8.13】将输入的两个整数按从大到小的顺序输出。

```
swap(int x, int y)
{
    int z;
    z=x;
    x=y;
    y=z;
}
main()
{
    int a,b;
    scanf("%d%d",&a,&b);
    if(a<b)swap(a,b);
    pringf("\n%d,%d\n",a,b);
}
```

注意，这个程序是错误的！由于是单向传递，所以排序的是形参 x 和 y，而不是实参 a 和 b。

2. 地址传递

地址传递时，形参只能是指针变量或数组名，相应的实参可以是变量的地址、指针变量、数组名、函数名。注意，由于传递给形参的是地址，而使相应的形参和实参具有相同的地址，则形参所指向的对象改变，相应实参所指向的对象将随之改变。

【例 8.14】题目要求同例 8.13。

```
swap(int *x, int *y)
{
     int z;
     z=*x;
     *x=*y;
     *y=z;
}
main()
{
     int a,b,*pa,*pb;
     scanf("%d%d",&a,&b);
     pa=&a;
     pb=&b;
     if(a<b)swap(pa,pb);            /* 变量的指针作函数的参数 */
     pringf("\n%d,%d\n",a,b);
}
```

将输出的对象改成*pa、*pb，结果是一样的。但是：

```
swap(int *x, int *y)
{
     int *z;
     z=x;
     x=y;
     y=z;
}
main()
{
     int a,b,*pa,*pb;
     scanf("%d%d",&a,&b);
     pa=&a;
     pb=&b;
     if(a<b)swap(pa,pb);
     pringf("\n%d,%d\n",pa,pb);
}
```

却办不到。可见，通过函数调用来改变实参指针变量的值是不可能的，但可以改变实参指针变量所指变量的值；而且运用指针变量作参数，可以得到多个变化了的值。这是采用返回值方式不可能做到的，从而到体会到使用指针的好处。注意：

```
swap(int *x, int *y)
{
     int *z;
```

```
        *z=*x;
        *x=*y;
        *y=*z;
    }
    main()
    {
        int a,b,*pa,*pb;
        scanf("%d%d",&a,&b);
        pa=&a;
        pb=&b;
        if(a<b)swap(pa,pb);
        pringf("\n%d,%d\n",pa,pb);
    }
```

就有问题了。因为z无确定的值，对*z的赋值是很危险的。

【例8.15】 从10个数中找出其中的最大值和最小值。

```
int max,min;
void max_min_value(int array[],int n)      /* 数组名形参 */
{
    int *p,*array_end;
    array_end=array+n;
    max=min=*array;
    for(p=array+1;p<array_end;p++)
        if(*p>max)max=*p;
        else if (*p<min)min=*p;
    return;
}
main()
{
    int i,number[10];
    printf("enter 10 integer umbers:\n");
    for(i=0;i<10;i++)
        scanf("%d",&number[i]);
    max_min_value(number,10);          /* 数组名和非地址型常量实参 */
    printf("\nmax=%d,min=%d\n",max,min);
}
```

说明：

（1）在函数max_min_value中求出的最大值和最小值放在max和min中。由于它们是全局变量，因此在主函数中可以直接使用。

（2）函数max_min_value中的语句：

```
max=min=*array;
```

array 是数组名，它接收从实参传来的数组 numuber 的首地址，*array 相当于*(&array[0])。上述语句与 max=min=array[0]；等价。

(3)在执行 for 循环时，p 的初值为 array+1，也就是使 p 指向 array[1]。以后每次执行 p++，使 p 指向下一个元素。每次将*p 和 max、min 比较，将大者放入 max，小者放 min。

(4) 函数 max_min_value 的形参 array 可以改为指针变量。实参也可以不用数组名，而用指针变量传递地址。如下所示：

```
int max,min;
void max_min_value(int *array,int n)     /* 指针变量形参 */
{
    int *p,*array_end;
    array_end=array+n;
    max=min=*array;
    for(p=array+1;p<array_end;p++)
        if(*p>max)max=*p;
        else if (*p<min)min=*p;
    return;
}
main()
{
    int i,number[10],*p;
    p=number;                         /*使 p 指向 number 数组*/
    printf("enter 10 integer umbers:\n");
    for(i=0;i<10;i++,p++)
        scanf("%d",p);
    p=number;
    max_min_value(p,10);              /* 指向一维数组的指针变量实参 */
    printf("\nmax=%d,min=%d\n",max,min);
}
```

归纳起来，处理一个实参数组时，实参与形参的对应关系有以下 4 种。

(1) 形参和实参都是数组名。

```
main()
{   int a[10];
    …
    f(a,10)
    …
}
f(int x[],int n)
{
    …
}
```

a 和 x 相当于一个数组。

(2) 实参用数组，. 形参用指针变量。

```
main()
{   int a[10];
```

```
    …
    f(a,10)
    …
}
```

```
f(int *x,int n)
{
    …
}
```

（3）实参、形参都用指针变量。

（4）实参为指针变量，形参为数组名。

【例 8.16】

```
void f(int *p1,int *p2)
{
    int i,j;
    *p2=0;
    for(i=0;i<3;i++)
        for(j=i;j<3;j++)
            *p2+=*(p1+i*3+j);
}
main()
{
    static int a[3][3]={{1,2},{3,4},{5,6}};
    int s;
    f(a,&s);            /* 二维数组名和变量的地址实参 */
    printf("%d\n",s);
}
```

运行结果为：

```
    7
```

采用数组名或指向数组的指针变量作函数参数，传递的是数组的首地址，使它们共用存储空间。这相当于对数组的整体复制，效率很高，又一次体现了使用指针的好处。

【例 8.17】本例是把字符串指针作为函数参数来使用。要求把一个字符串的内容复制到另一个字符串中，并且不能使用 strcpy 函数。函数 cpystr 的形参为两个字符指针变量。pss 指向源字符串，pds 指向目标字符串。注意表达式(*pds=*pss)!='\0'的用法。

```
cpystr(char *pss,char *pds)
{
    while((*pds=*pss)!='\0')
    {
        pds++;
        pss++;
    }
}
main()
{
```

```
    char *pa="CHINA",b[10],*pb;
    pb=b;
    cpystr(pa,pb);
    printf("string a=%s\nstring b=%s\n",pa,pb);
}
```

在本例中，程序完成了两项工作：① 把 pss 指向的源字符串复制到 pds 所指向的目标字符串中；② 判断所复制的字符是否为'\0'，若是则表明源字符串结束，不再循环，否则 pds 和 pss 都加 1，指向下一字符。在主函数中，以指针变量 pa,pb 为实参，分别取得确定值后调用 cpystr 函数。由于采用的指针变量 pa 和 pss、pb 和 pds 均指向同一字符串，因此在主函数和 cpystr 函数中均可使用这些字符串，也可以把 cpystr 函数简化为以下形式：

```
cpystr(char *pss,char*pds)
{
    while((*pds++=*pss++)!='\0');
}
```

即把指针的移动和赋值合并在一个语句中。进一步分析还可发现'\0'的 ASCII 码为 0，对于 while 语句只看表达式的值为非 0 就循环，为 0 则结束循环，因此也可省去"!='\0'"这一判断，而写为以下形式：

```
cpystr(char *pss,char *pds)
{
    while(*pds++=*pss++);
}
```

表达式的含义可解释为，源字符向目标字符赋值后移动指针，若所赋值为非 0 则循环，否则结束循环。这样使程序更加简洁。

简化后的程序如下所示：

```
cpystr(char *pss,char *pds)
{
    while(*pds++=*pss++);
}
main()
{
    char *pa="CHINA",b[10],*pb;
    pb=b;
    cpystr(pa,pb);
    printf("string a=%s\nstring b=%s\n",pa,pb);
}
```

【例 8.18】输入 5 个国名并按字母顺序排列后输出。

```
#include<string.h>
main()
{
```

```
    void sort(char *name[],int n);
    void print(char *name[],int n);
    static char *name[]={ "CHINA","AMERICA","AUSTRALIA","FRANCE",
    "GERMAN"};
    int n=5;
    sort(name,n);                         /* 指针数组实参 */
    print(name,n);
}
void sort(char *name[],int n)             /* 指针数组形参 */
{
    char *pt;
    int i,j,k;
    for(i=0;i<n-1;i++)
    {
        k=i;
        for(j=i+1;j<n;j++)
            if(strcmp(name[k],name[j])>0) k=j;
       if(k!=i)
       {
           pt=name[i];
           name[i]=name[k];
           name[k]=pt;
       }
    }
}
void print(char *name[],int n)
{
    int i;
    for (i=0;i<n;i++)
        printf("%s\n",name[i]);
}
```

本程序定义了两个函数，一个名为 sort，完成排序，其形参为指针数组 name，即为待排序的各字符串的指针，形参 n 为字符串的个数；另一个函数名为 print，用于排序后字符串的输出，其形参与 sort 相同。主函数 main 中，定义了指针数组 name 并作了初始化赋值，然后分别调用 sort 函数和 print 函数完成排序和输出。值得说明的是在 sort 函数中，对两个字符串的比较，采用了 strcmp 函数。strcmp 函数允许参与比较的字符串以指针方式出现，name[k]和 name[j]均为指针，因此是合法的。字符串比较后需要交换时，只交换指针数组元素的值，而不交换具体的字符串，这样将大大减少处理时间，提高了运行效率，再次体现出使用指针的好处。

【例 8.19】

```
f1(int a,int b)
{
   return a+b;
}
f2(int a,int b)
{
   return a-b;
}
f3(int (*p)(),int a,int b)      /* 函数的指针形参 */
{
   return (*p)(a,b);
}
main()
{
   int c,(*p)();
   p=f1;
   c=f3(p,9,3);                 /* 函数的指针实参 */
   c+=f3(f2,8,3);               /* 函数名实参 */
   printf("%d\n",c);
}
```

运行结果为：

```
   17
```

8.11　有参主函数和有参宏

8.11.1　有参主函数

前面介绍的 main 函数都是不带参数的，因此 main 后的括号都是空括号。实际上，main 函数可以带参数，这个参数可以认为是 main 函数的形式参数。C 语言规定 main 函数的参数只能有两个，习惯上把这两个参数写为 argc 和 argv。因此，main 函数的函数头可写为：

```
main (argc,argv)
```

C 语言还规定 argc（第一个形参）必须是整型变量，argv（第二个形参）必须是字符型指针数组。加上形参说明后，main 函数的函数头应写为：

```
main (int argc,char *argv[])
```

由于 main 函数不能被其他函数调用，因此不可能在程序内部取得实际值。那么，在何处把实参值赋予 main 函数的形参呢？实际上，main 函数的参数值是从操作系统命令行上获得的。当要运行一个可执行文件时，在 DOS 提示符下键入文件名，再输入实际参数即可把这些实参传送到 main 函数的形参中去。

DOS 提示符下命令行的一般形式为：

文件名 参数 参数……

但是应该特别注意的是，main 函数的两个形参和命令行中的参数在位置上不是一一对应的。因为，main 的形参只有两个，而命令行中的参数个数原则上未加限制。argc 参数表示了命令行中参数的个数（文件名本身也算一个参数），argc 的值是在输入命令行时由系统按实际参数的个数自动赋予的。

例如有命令行为：

```
C:\>E24  BASIC  foxpro  FORTRAN
```

由于文件名 E24 本身也算一个参数，所以共有 4 个参数，因此 argc 取得的值为 4。argv 参数是字符型指针数组，其各元素值为命令行中各字符串（参数均按字符串处理）的首地址。指针数组的长度即为参数个数，数组元素初值由系统自动赋予，其表示如图 8–2 所示。

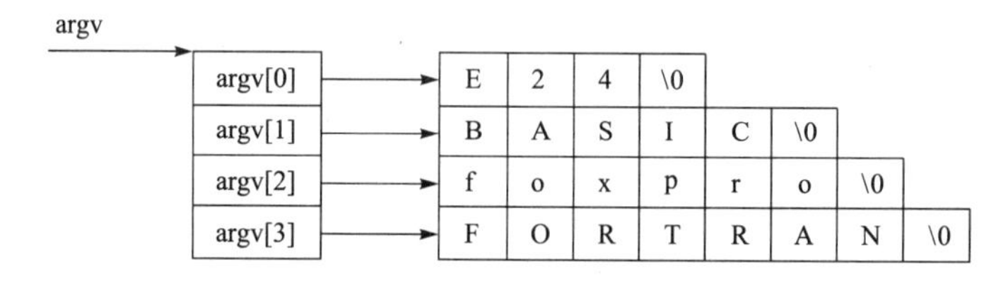

图 8–2

【例 8.20】

```
main(int argc,char *argv[])
{
    while(argc-->1)
        printf("%s\n",*++argv);
}
```

本例是显示命令行中输入的参数。如果上例的可执行文件名为 e24.exe，存放在 A 盘内。因此输入的命令行为：

```
C:\>a:e24 BASIC foxpro FORTRAN
```

则运行结果为：

```
BASIC
foxpro
FORTRAN
```

命令行共有 4 个参数，执行 main 函数时，argc 的初值即为 4，argv 的 4 个元素分为 4 个字符串的首地址。执行 while 语句，每循环一次 argc 值减 1，当 argc 等于 1 时停止循环，共循环 3 次，因此共可输出 3 个参数。在 printf 函数中，由于打印项*++argv 是先加 1 再打印，故第一次打印的是 argv[1]所指的字符串 BASIC，第二、三次循环分别打印后两个字符串。而参数 e24 是文件名，不必输出。

8.11.2 有参宏

符号常量 PI 是用编译预处理的宏命令定义的：

```
#define PI 3.14
```

PI 也称为宏名。实际上，宏还可以有参数，其定义的一般形式为：

#define 宏名（参数表）字符串

字符串中包含括号中所指定的参数，如：

```
#define MAX(x,y) (x)>(y)?(x):(y)
```

在程序中用 MAX(x,y)替换(x)>(y)?(x):(y)的过程称为“宏展开”。展开时，不仅要进行字符串替换，还要进行参数替换。若有：

```
t=MAX(a+b,c+d);
```

即：

```
t=(a+b)>(c+d)?(a+b):(c+d);
```

注意：MAX(a+b,c+d)不是函数调用。宏展开是在编译前进行的，宏名和参数名均不存在类型问题，不为宏名和实参（常量、变量或表达式）分配存储单元，不进行实参表达式的计算，无数据传递的概念，而只进行字符的替换。

【例 8.21】

```
#define SQR(x) x*x
main()
{
    int a=10,k=2,m=1;
    a/=SQR(k+m)/SQR(k+m);        /* 宏展开后为: a/=k+m*k+m/k+m*k+m  */
    printf("%d\n",a);
}
```

运行结果为：

```
1
```

8.12 变量的存储类型

8.12.1 动态存储方式与静态存储方式

C 语言中的变量从作用域（即从空间）角度，可以分为全局变量和局部变量；而从变量值存在的时间（即生存期）角度，又可以分为静态存储方式和动态存储方式。

静态存储方式是指在程序运行期间分配固定存储空间的方式。

动态存储方式是在程序运行期间根据需要进行动态分配存储空间的方式。

用户存储空间可以分为以下 3 个部分：

（1）程序区；

（2）静态存储区；

（3）动态存储区。

全局变量和静态（static型）变量存放在静态存储区，在程序开始执行时给全局变量分配存储区，程序运行完毕就释放，在程序执行过程中它们占据固定的存储单元，而不是动态地进行分配和释放。动态存储区存放以下数据：

（1）函数的形式参数；

（2）自动变量（未加static声明的局部变量）；

（3）函数调用时的现场保护和返回地址。

这些数据，在函数开始调用时分配动态存储空间，函数结束时释放这些空间。

在C语言中，变量、数组和函数有两个属性：数据类型和存储类型。存储类型规定了数据所占用存储空间的存储区。变量的存储类型有auto、static、register、extern，数组有auto、static、extern，函数有static、extern。

8.12.2　auto 变量

函数中的局部变量，如不专门声明为static存储类型，都是动态地分配存储空间的，其数据存储在动态存储区中。函数中的形参和在函数中定义的变量（包括在复合语句中定义的变量），都属此类，在调用该函数时系统会给它们分配存储空间，在函数调用结束时就自动释放这些存储空间。这类局部变量称为自动变量，自动变量用关键字auto作存储类型的声明。

例如：

```
int f(int a)              /*定义f函数，a为参数*/
{
        auto int b,c=3;   /*定义b、c自动变量*/
         …
}
```

a是形参，b、c是自动变量，对c赋初值3。执行完f函数后，自动释放a、b、c所占的存储单元。

关键字auto可以省略，auto不写则隐含定为“自动存储类型”，属于动态存储方式。

8.12.3　用 static 声明局部变量

有时希望函数中的局部变量的值在函数调用结束后不消失而保留原值，这时就应该指定局部变量为“静态局部变量”，用关键字static进行声明。

【例8.22】 考察静态局部变量的值。

```
f(int a)
{
    auto int b=0;
    static int c=3;
    b=b+1;
    c=c+1;
    return(a+b+c);
}
```

```
main()
{
    int a=2,i;
    for(i=0;i<3;i++)
        printf("%d\n",f(a));
}
```

运行结果为：

```
    7
    8
    9
```

对静态局部变量的说明：

（1）静态局部变量属于静态存储类型，在静态存储区内分配存储单元，在程序整个运行期间都不释放（例 8.8 中使用的指针数组 name 就是静态型）。而自动变量（即动态局部变量）属于动态存储类型，占动态存储空间，函数调用结束后即释放。

（2）静态局部变量在编译时赋初值，即只赋初值一次。而对自动变量赋初值是在函数调用时进行，每调用一次函数重新给一次初值，相当于执行一次赋值语句。

（3）如果在定义局部变量时不赋初值，则对静态局部变量来说，编译时自动赋初值 0（对数值型变量）或空字符（对字符变量）。而对自动变量来说，如果不赋初值则它的值是一个不确定的值。

【例 8.23】打印 1 到 5 的阶乘值。

```
int fac(int n)
{
    static int f=1;
    f=f*n;
    return(f);
}
main()
{
    int i;
    for(i=1;i<=5;i++)
    printf("%d!=%d\n",i,fac(i));
}
```

8.12.4　register 变量

为了提高效率，C 语言允许将局部变量的值放在 CPU 的寄存器中，这种变量叫“寄存器变量”，用关键字 register 作声明。

【例 8.24】使用寄存器变量。

```
int fac(int n)
{
```

```
    register int i,f=1;
    for(i=1;i<=n;i++)
        f=f*i
    return(f);
}
main()
{
    int i;
    for(i=0;i<=5;i++)
    printf("%d!=%d\n",i,fac(i));
}
```

说明：

（1）只有自动局部变量和形式参数可以作为寄存器变量，静态局部变量不能定义为寄存器变量。

（2）一个计算机系统中的寄存器数目有限，不能定义任意多个寄存器变量。

8.12.5　用 extern 声明外部变量

外部变量（即全局变量）是在函数的外部定义的，它的作用域从变量定义处开始，到本程序文件的末尾。如果在定义点之前的函数想引用该外部变量，则应该在引用之前用关键字 extern 对该变量作“外部变量声明”，表示该变量是一个已经定义了的外部变量。有了此声明，就可以从“声明”处起，合法地使用该外部变量。

【例 8.25】用 extern 声明外部变量，扩展该变量在程序文件中的作用域。

```
int max(int x,int y)
{
    int z;
    z=x>y?x:y;
    return(z);
}
main()
{
    extern A,B;
    printf("%d\n",max(A,B));
}
int A=13,B=-8;
```

说明：在本程序文件的最后 1 行定义了外部变量 A、B，但由于外部变量定义的位置在函数 main 之后，因此本来在 main 函数中不能引用外部变量 A、B。现在我们在 main 函数中用 extern 对 A 和 B 进行“外部变量声明”，就可以从“声明”处起，合法地使用该外部变量 A 和 B。

相应地，静态外部变量用关键字 static 声明，将限定该变量只能用于本程序文件，以免被其他程序文件误用。

函数本质上是全局的，static 类型函数被限定为只能被本程序文件中的函数所调用，而称为内部函数，即是被局部化了的函数。相对于内部函数，extern 类型函数称为外部函数，以示其可被其他程序文件调用。

习 题

一、选择题

1. C 语言规定简单变量做实参时，它和与其对应的形参之间的数据传递方式是（ ）。

A. 地址传递　　B. 单向值传递

C. 由用户指定传递方式　　D. 由实参传给形参，再由形参传回给实参

2. 以下正确的说法是（ ）。

A. 定义函数时，形参类型说明可放在函数体内

B. return 语句后边的值不能为表达式

C. 如果函数类型与返回值类型不一致，以函数类型为准

D. 如果形参与实参的类型不一致，以实参为准

3. C 语言允许函数值类型默认定义，此时该函数值隐含的类型是（ ）。

A. float 型　　B. int 型　　C. long 型　　D. double 型

4. 若以数组名作为函数调用的实参，传递给形参的是（ ）。

A. 数组的首地址　　B. 数组第一个元素的值

C. 数组中的全部元素的值　　D. 数组元素的个数

5. 以下程序的输出结果是（ ）。

```
int i=10;
main()
{
    int j=1;
    j=func();
    printf("%d,",j);
    j=func();
    printf("%d",j);
}
func()
{
    int k=0;
    k=k+i;
    i=i+10;
    return(k);
}
```

A. 0,0　　B. 10,20　　C. 10,10　　D. 20,20

6. 下面程序执行后输出的结果是（　　）。

```
f (int a)
{
    int b=0;
    static int c=3;
    b++;
    c++;
    return(a+b+c);
}
main()
{
    int a=2, i;
    for (i=0;i<3;i++)
    printf("%d  ",f(a));
}
```

A. 7　8　9　　B. 7　9　11　　C. 7　10　13　　D. 7　7　7

7. 若有如下调用语句，则不正确的 fun 函数的首部是（　　）

```
main( )
{   …
    int a[50],n;
    fun(n,&a[9]);
    …
}
```

A. void fun(int m, int x[])　　B. void fun(int s,int h[41])

C. void fun(int p,int *s)　　D. void fun(int n,int a)

8. 下面程序执行后的输出结果是（　　）。

```
int a,b;
void fun( )
{
    a=100; b=200;
}
main( )
{
    int a=5, b=7;
    fun();
    printf("%d,%d\n",a,b);
}
```

A. 100,200　　B. 5,7　　C. 200,100　　D. 7,5

9. 以下叙述中不正确的是（　　）。

A. 在一个函数中可以有多条 return 语句
B. 调用函数时，实参和形参的个数必须相同
C. 实参可以是常数、变量、表达式或数组名
D. 形参可以是常数

10. 调用函数 sqrt( )应使用的包含命令是（　　）。

A. #include <stdio.h>　　B. #include <string.h>
C. #include <math.h>　　D. #include <stdlib.h>

11. 有以下程序：

```
void fun(char *a, char *b)
{
     a=b; (*a)++;
}
main ()
{
     char c1='A', c2='a', *p1, *p2;
     p1=&c1; p2=&c2; fun(p1,p2);
     printf("%c%c\n",c1,c2);
}
```

程序运行后的输出结果是（　　）。

A. Ab　　B. aa　　C. Aa　　D. Bb

12. 若有下面的程序片断，则不正确的 fxy 函数的首部是（　　）。

```
main( )
{
     int a[20],n;
...
     fxy(n,&a[10]);
...
}
```

A. void fxy(int i, int j)　　B. void fxy(int x,int *y)
C. void fxy(int m, int n[ ])　　D. void fxy(int p, int q[10])

二、填空题

1. 函数类型是指__________，而函数的返回值是通过___________带回到主调函数的。
2. 函数的调用方式有__________、__________和__________。
3. 函数可以嵌套调用，但不可以嵌套___________。
4. 无返回值的函数应定义为______________类型。
5. 在内存中供用户使用的存储区可分为 3 部分，它们是____、____、____，全局变量应放在____中，局部变量应放在____中。
6. 请在下面对应的____上写出表达式的结果。

（1）sqrt(fabs(–25.0))　　_____。

（2）strlen("CHINA")+strlen("C") ______。

（3）strcmp("CHINA","china") ______。

7. 以下程序实现的功能是：输入 100 个整数，将其中的前 20 个数从小到大排序，然后输出这 100 个数。试填空完成程序。

```
# include <stdio.h>
void sort(___________)
{
     int i, k, m, t;
     for(i = 0; i < n-1; i++)
     {
         k=i;
         for(m=i+1; m<n; m++)
            if(________)  k=m;
         _________;
    }
}
void main( )
{
    int k, a[100];
    for(k=0; k<100; k++)
        scanf("%d", &a[k]);
    _________;
    for(k=0; k<100; k++)
    printf("%d ", a[k]);
}
```

8. 以下 fun 函数用于求两个整数 a 和 b 的最大公约数。试填空完成该程序。

```
fun(a,b)
int a,b;
{
    int i,j,m,n;
    if(a>b)
    {
       m=a; a=b;_______;
    }
    i=a,j=b;
    while((n=_______)!=0)
          j=i,i=_______;
    return(i);
}
```

三、阅读程序，写出结果

1. 以下程序的运行结果是______。

```
main( )
{
    int i=5;
    printf ("%d\n", sub (i));
}
sub (n)
int n;
{
   int a;
   if (n= =1) return 1;
      a=n+sub (n-1);
   return (a);
}
```

2. 以下程序的运行结果是______。

```
int f( )
{
   static int i=0;
   int s=1;
   s+=i; i+=2;
   return s;
}
main( )
{
    int i,a=0;
    for(i=0; i<3; i++)
       a+=f( );
    printf("%d\n", a);
}
```

3. 以下程序的执行结果是________。

```
#include<stdio.h>
int x=1;
main( )
{
    func(x);
    printf("x=%d\n",x);
}
```

```
func(int x)
{
    x=3;
}
```

4. 以下程序的执行结果是________。

```
int d=1;
fun(int p)
{
     int d=5;
     d+=p++;
     printf("%d",d);
}
main( )
{
     int a=3;
     fun(a);
     d+=++a;
     printf("%d",d);
}
```

5. 以下程序的执行结果是________。

```
#include<stdio.h>
main()
{
     int k=4,m=1,p;
     p=func(k,m);
     printf("%d,",p);
     p=func(k,m);
     printf("%d\n",p);
}
func(int a,int b)
{
     static int m=0,i=2;
     i+=m+1;
     m=i+a+b;
     return(m);
}
```

6. 以下程序的执行结果是________。

```
#include<stdio.h>
int abc (int u, int v);
```

```
void main ()
{
      int a=24, b=16, c;
      c=abc (a, b);
      printf ("value=%d", c);
}
int abc (int u, int v)
{
      int w;
      while (v)
      {
          w=u%v;
          u=v;
          v=w;
      }
      return u;
  }
```

7. 以下程序的执行结果是________。

```
void  fact (int  *p , int  m )
{
    *p = 2 ;
    m = 9 ;
}
main  ( )
{
    int a = 4, b = 6 ;
    fact  ( &a, b ) ;
    printf ("%d, %d \n", a, b);
}
```

四、编程题

1. 编制递归函数 double mypower(int n, float x)，计算并返回 x^n。

2. 编制函数，在主调函数的一维数组中查找最大值及该元素下标、最小值及该元素下标。请适当选择参数，使所求结果能传递到主调函数。

3. 输入一个正整数 n，求 1+1/2!+1/3!+…+1/n!的值，要求定义并调用函数 fact(n)计算 n 的阶乘，函数返回值的类型是单精度浮点型。

4. 两个正整数 m 和 n (n≥m)，求从 m 到 n 之间（包括 m 和 n）所有素数的和。要求定义并调用函数 isprimek 来判断 x 是否为素数（素数是只能被 1 和自身整除的自然数）。

5. 编写一个函数，其功能是将字符串中的大写字母改为小写字母，其他字符不变。

6. 编写一个函数，求出给定的二维数组中每一行最大的元素，并显示出来。

7. 在主函数中输入N个人的某门课程的成绩，分别用函数求：① 平均分、最高分和低分；② 分别统计90～100分的人数、80～89分的人数、70～79分的人数、60～69分的人数及59分以下的人数。结果在主函数中输出。

8. 编写一个函数，求一个字符串的长度。在main函数中输入字符串，并输出其长度。

9. 编写一个从n个字符串中寻找最长串的函数longstr(z,n)，其中z是指向多个字符串的指针数组，n是字符串的个数，函数的返回值是最长串的首地址。

10. 编写一个有参主函数的程序，求命令行参数中最大的字符串。

第 9 章　结构型与共用型

章前导读

古人老子说：“道法自然”。那什么叫“自然”呢？

这里的自然也是有规定的，并不是人类的所有行为都是“自然”的，也不一定是你习惯的行为就自然，你不习惯的行为就不自然。

有了计算机后，人们总是试图用程序去描述自然世界中的每一个事物。

比如说一个人，有姓名、年龄、身高、体重。也就是说，“人”是一种“数据”，而“姓名”、“年龄”、“身高”、“体重”等也各自是一种数据，彼此之间具备不同的“数据类型”。

但是在多数情况下，“人”是一种不可再分的整体。当我们想用程序管理 30 个人时，我们的习惯是定义一个数组，存储 30 个人的信息，而不是分开来定义成 30 个姓名、30 个年龄、30 个身高、30 个体重。

C 语言的数据类型中有一种类型是“构造类型”，它是由若干个类型相同或不相同的数据组合而成的。前面介绍的数组就是一种构造类型数据，但是它只能存放数据类型相同的若干个数据。如果出现数据类型不同的若干个数据，用单个数组就无法将它们存放在一起。为了整体存放这些类型不同的相关数据，C 语言提供了另一种构造类型数据：结构型（结构体），它可以将若干个不同类型的数据存放在一起。

本章详细介绍结构型变量的定义、赋初值、使用方法等，同时还介绍了另外一种用于节省内存的构造类型数据“共用型（共用体）”，最后简单地介绍了枚举型数据的使用。

9.1　结构型

9.1.1　结构型与结构型的定义

在现实中经常会遇到这样的问题，几个数据之间有着密切的联系，它们用来描述一个事物的几个方面，但它们并不属于同一类型。例如，在学生登记表中，学生的信息包括姓名、学号、年龄、性别、成绩等，姓名应为字符型；学号可为整型或字符型；年龄应为整型；性别应为字符型；成绩可为整型或实型。显然不能用一个数组来存放这一组数据，因为数组中各元素的类型和长度都必须一致，以便于编译系统处理。为了解决这个问题，C 语言中给出了另一种构造类型数据——结构型，它相当于其他高级语言中的记录。结构型是一种构造类型，它是由若干“成员”组成的，每一个成员可以是一个基本数据类型或者又是一个构造类型。结构型是一种“构造”而成的数据类型，在说明和使用之前必须先定义它，也就是构造它，如同在说明和调用函数之前要先定义函数一样。

结构型定义的一般形式如下：

struct 结构型名
{
    数据类型 1 成员名 1;
    数据类型 2 成员名 2;
    …
    数据类型 n 成员名 n;
};

其中 struct 是 C 语言的关键字，它表明进行结构型的定义，最后的分号表示结构型定义的结束，结构型成员的类型可以是 C 语言所允许的任何数据类型。例如：

```
struct stu
{
    int num;
    char name[20];
    char sex;
    float score;
};
```

在这个 struct stu 结构型定义中，结构型名为 stu，该结构型由 4 个成员组成。第一个成员为 num，整型变量；第二个成员为 name，字符型数组；第三个成员为 sex，字符型变量；第四个成员为 score，实型变量。应注意在括号后的分号是不可少的。结构型定义之后，即可进行这种类型变量的说明，凡说明为 struct stu 类型的变量都由上述 4 个成员组成。由此可见，结构型是一种复杂的数据类型，是数目固定、类型不同的若干有序成员的集合。

需要注意的是：结构型是由用户定义的一种数据类型，其中的成员不是变量，系统并不会给成员分配内存。已经定义的某种结构型可以作为一种数据类型，用来定义变量、数组、指针，这时才会给定义的变量、数组、指针分配内存。

9.1.2 结构型变量的定义与初始化

定义结构型变量的方法有 3 种，在定义的同时，可以给变量的每个成员赋初值。

以上面定义的 stu 为例来加以说明。

1. 先定义结构型，后定义变量

例如：

```
struct stu                    /*定义结构型*/
{
    int num;
    char name[20];
    char sex;
    float score;
};
struct stu x,y;               /*定义 stu 结构型的变量 x 和 y*/
```

在定义了结构型变量后，系统会为之分配内存单元。变量 x、y 在内存中各占 27 个字节 (2+20+1+4)。

定义变量的同时，可以对变量赋初值，例如上例中的定义语句可以改写如下：

```
struct stu x={99033, "Li ming",'M',85},
           y={99025, "Zhang Hua",'F',96};
```

这种方法将类型定义和变量定义分开进行，是一种比较常用的定义方法。

2. 定义结构型的同时定义变量

例如：

```
struct stu
{
    int num;
    char name[20];
    char sex;
    float score;
}x={99033, "Li ming",'M',85},
 y={99025, "Zhang Hua",'F',96};
```

这种方法是将类型定义和变量定义同时进行的。以后仍然可以使用这种结构型来定义其他变量。

3. 定义无名称的结构型的同时定义变量

例如：

```
struct
{
   int num;
   char name[20];
   char sex;
   float score;
}x={99033, "Li ming",'M',85},
 y={99025, "Zhang Hua",'F',96};
```

这种方法是将类型定义和变量定义同时进行，但是结构型的名称省略了，以后将无法使用这种结构型来定义其他变量。

3 种方法定义的 x、y 变量都具有如下所示的结构。

num	name	sex	score

变量 x,y 的成员可以是基本数据类型或构造类型，当然也可以是结构型、共用型，即构成了嵌套的结构。如下给出了另一个数据结构。

<table>
<tr><td rowspan="2">num</td><td rowspan="2">name</td><td rowspan="2">sex</td><td colspan="3">birthday</td><td rowspan="2">score</td></tr>
<tr><td>month</td><td>day</td><td>year</td></tr>
</table>

按图可给出以下结构型定义：

```
struct date
{
     int month;
     int day;
     int year;
};
struct
{
     int num;
     char name[20];
     char sex;
     struct date birthday;
     float score;
}x,y;
```

首先定义一个结构型 struct date，由 month（月）、day（日）、year（年）3 个成员组成。在定义并说明变量 x 和 y 时，其中的成员 birthday 被说明为 struct data 结构型。成员名可与程序中其他变量同名，互不干扰。

9.1.3 结构型变量成员的引用

在程序中使用结构型变量时，往往不把它作为一个整体来使用。在 ANSI C 中，除了允许具有相同类型的结构型变量可以相互赋值以外，一般对结构型变量的使用，包括赋值、输入、输出、运算等都是通过结构型变量的成员来实现的。

表示结构型变量成员的一般形式是：

结构型变量名. 成员名

其中“.”称为成员运算符，优先级最高。

例如：

```
x.num          即第一个人的学号；
y.sex          即第二个人的性别。
```

如果成员本身又是一种结构型的，则必须逐级找到最低级的成员才能使用。

例如：

```
x.birthday.month
```

即第一个人出生的月份成员可以在程序中单独使用。结构型变量成员的用法与普通变量完全相同。

【例 9.1】结构型变量成员的引用

```
#include<string.h>
struct  student
{
    long number;
```

```
    char name[20];
    char sex;
    float score[3];
};
main()
{
    struct student x;
    x.number=100001l;
    strcpy(x.name, "zhaoli");
    x.sex='f';
    x.score[0]=89;
    x.score[1]=94;
    x.score[2]=86;
    printf("number=%ld  name=%s  sex=%c\n",x.number,x.name,x.sex);
    printf("score1=%f  score2=%f score3=%f\n",x.score[0],
          x.score[1], x.score[2]);
}
```

9.1.4 结构型数组的定义

数组的元素也可以是结构型的，因此可以构成结构型数组。结构型数组的每一个元素都具有相同结构型。在实际应用中，经常用结构型数组来表示具有相同数据结构的一个群体，如一个班的学生档案，一个车间的职工工资表等。

定义方法和结构型变量相似，只需说明它为数组类型即可。

例如：

```
struct stu
{
    int num;
    char *name;
    char sex;
    float score;
}boy[5];
```

定义了一个结构型数组 boy，共有 5 个元素：boy[0]～boy[4]，每个数组元素都具有 struct stu 的结构形式。对结构型数组也可以作初始化赋值。

例如：

```
struct stu
{
    int num;
    char *name;
    char sex;
```

```
        float score;
    }boy[5]={
                {101,"Li ping",'M',45},
                {102,"Zhang ping",'M',62.5},
                {103,"He fang",'F',92.5},
                {104,"Cheng ling",'F',87},
                {105,"Wang ming",'M',58}
            };
```

当对全部元素作初始化赋值时，也可不给出数组长度。

【例 9.2】计算学生的平均成绩和不及格的人数。

```
struct stu
{
    int num;
    char *name;
    char sex;
    float score;
}boy[5]={
            {101,"Li ping",'M',45},
            {102,"Zhang ping",'M',62.5},
            {103,"He fang",'F',92.5},
            {104,"Cheng ling",'F',87},
            {105,"Wang ming",'M',58},
          };
main()
{
    int i,c=0;
    float ave,s=0;
    for(i=0;i<5;i++)
    {
        s+=boy[i].score;
        if(boy[i].score<60) c+=1;
    }
    ave=s/5;
    printf("average=%f\ncount=%d\n",ave,c);
}
```

本例程序中定义了一个外部结构型数组 boy，共 5 个元素，并作了初始化赋值。在 main 函数中用 for 语句逐个累加各元素的 score 成员值存于 s 之中，如 score 的值小于 60（不及格）即计数器 C 加 1，循环完毕后计算平均成绩，并输出平均分及不及格人数。

【例 9.3】建立同学通信录。

```
#include<stdio.h>
#define NUM 3
struct mem
{
    char name[20];
    char phone[10];
};
main()
{
    struct mem man[NUM];
    int i;
    for(i=0;i<NUM;i++)
    {
        printf("input name:\n");
        gets(man[i].name);
        printf("input phone:\n");
        gets(man[i].phone);
    }
    printf("name\t\t\tphone\n\n");
    for(i=0;i<NUM;i++)
        printf("%s\t\t\t%s\n",man[i].name,man[i].phone);
}
```

本程序中定义了 struct mem 结构型，它的两个成员 name 和 phone 用来表示姓名和电话号码。在主函数中定义 man 为 struct mem 类型的数组；在 for 语句中，用 gets 函数分别输入各个元素中两个成员的值；然后又在 for 语句中用 printf 语句输出各元素中两个成员值。

9.1.5　结构型指针变量的定义和使用

1. 指向结构型变量的指针变量

一个指针变量当用来指向一个结构型变量时，称之为结构型指针变量。结构型指针变量中的值是所指向的结构型变量的首地址。通过结构型指针即可访问该结构型变量，这与数组的指针和函数的指针是相同的。

结构型指针变量定义的一般形式为：

struct　结构型名 *结构型指针变量名;

例如，在前面的例题中定义了 struct stu 这种结构型，如要说明一个指向 struct stu 型的指针变量 pstu，可写为：

```
struct stu *pstu;
```

当然也可在定义 struct stu 结构型时同时说明 pstu。与前面讨论的各类指针变量相同，结构型指针变量也必须要先赋值后才能使用。

赋值是把结构型变量的首地址赋予该指针变量，不能把结构型名赋予该指针变量。如果 boy 是被说明为 struct stu 类型的结构型变量，则：

```
pstu=&boy
```

是正确的，而：

```
pstu=&stu
```

是错误的。

结构型名和结构型变量是两个不同的概念，不能混淆。结构型名只能表示某种结构型，编译系统并不对它分配内存空间。只有当某变量被说明为这种类型时，才对该变量分配存储空间。因此上面&stu 这种写法是错误的，不可能去取某种结构型的首地址。有了结构型指针变量，就能更方便地访问结构型变量的各个成员。

其访问的一般形式为：

(*结构型指针变量)．成员名

或为：

结构型指针变量->成员名

例如：

```
(*pstu).num
```

或者：

```
pstu->num
```

应该注意(*pstu)两侧的括号不可少，因为成员符“.”的优先级高于“*”。如去掉括号写作*pstu.num，则等效于*(pstu.num)，意义就完全不同了。

下面通过例子来说明结构型指针变量的具体说明和使用方法。

【例 9.4】

```
struct stu
{
    int num;
    char *name;
    char sex;
    float score;
}boy1={102,"Zhang ping",'M',78.5},*pstu;
main()
{
    pstu=&boy1;
    printf("Number=%d\nName=%s\n",boy1.num,boy1.name);
    printf("Sex=%c\nScore=%f\n\n",boy1.sex,boy1.score);
    printf("Number=%d\nName=%s\n",(*pstu).num,(*pstu).name);
    printf("Sex=%c\nScore=%f\n\n",(*pstu).sex,(*pstu).score);
    printf("Number=%d\nName=%s\n",pstu->num,pstu->name);
    printf("Sex=%c\nScore=%f\n\n",pstu->sex,pstu->score);
}
```

本例程序定义了一个 struct stu 结构型及这种类型变量 boy1 并作了初始化赋值，还定义了一个指向这种类型的指针变量 pstu。在 main 函数中，pstu 被赋予 boy1 的地址，因此 pstu 指向 boy1，然后在 printf 语句内用 3 种形式输出 boy1 的各个成员值。从运行结果可以看出：

结构型变量. 成员名

(*结构型指针变量). 成员名

结构型指针变量->成员名

这 3 种用于表示结构型成员的形式是完全等效的。

2. 指向结构型数组的指针变量

指针变量可以指向一个结构型数组，这时结构型指针变量的值是这个结构型数组的首地址。结构型指针变量也可指向结构型数组的一个元素，这时结构型指针变量的值是该结构型数组元素的首地址。

设 ps 为指向结构型数组的指针变量，则 ps 也指向该结构型数组的 0 号元素，ps+1 指向 1 号元素，ps+i 则指向 i 号元素，这与普通数组的情况是一致的。

【例 9.5】用指针变量输出结构型数组。

```
struct stu
{
    int num;
    char *name;
    char sex;
    float score;
}boy[5]={{101,"Zhou ping",'M',45},
         {102,"Zhang ping",'M',62.5},
         {103,"Liou fang",'F',92.5},
         {104,"Cheng ling",'F',87},
         {105,"Wang ming",'M',58},
       };
main()
{
    struct stu *ps;
    printf("No\tName\t\t\tSex\tScore\t\n");
    for(ps=boy;ps<boy+5;ps++)
    printf("%d\t%s\t\t%c\t%f\t\n",ps->num,ps->name,ps->sex,ps->
    score);
}
```

在程序中，定义了 struct stu 结构型的外部数组 boy 并作了初始化赋值。在 main 函数内定义 ps 为指向 struct stu 类型的指针。在 for 语句的表达式 1 中，ps 被赋予 boy 的首地址，然后循环 5 次，输出 boy 数组中各成员值。

应该注意的是，一个结构型指针变量虽然可以用来访问结构型变量或结构型数组元素的成员，但是不能使它指向一个成员，也就是说不允许取一个成员的地址来赋予它。因此，下面的赋值是错误的。

```
ps=&boy[1].sex;
```

而只能是：

```
ps=boy; (赋予数组首地址)
```

或者是：

```
ps=&boy[0]; (赋予 0 号元素首地址)
```

原因是结构型变量和结构型变量成员或结构型数组、结构型数组元素和结构型数组元素成员的类型不同，指向结构型变量、结构型数组、结构型数组元素的指针变量不能指向结构型变量和结构性数组元素的成员。当然，可以采用强制类型转换或另定义指向成员类型的指针变量的方式。

3. 结构型指针变量作函数参数

在 ANSI C 标准中允许用结构型变量作函数参数进行整体传送。但是这种传送要将全部成员逐个传送，特别是成员为数组时将会使传送的时间和空间开销很大，严重地降低了程序的效率。因此最好的办法就是使用指针，即用指针变量作函数参数进行传送。这时，由实参传向形参的只是地址，减少了时间和空间的开销，而又一次体现了使用指针的好处。

【例 9.6】 计算一组学生的平均成绩和不及格人数。用结构型指针变量作函数参数编程。

```
struct stu
{
    int num;
    char *name;
    char sex;
    float score;
}boy[5]={{101,"Li ping",'M',45},
         {102,"Zhang ping",'M',62.5},
         {103,"He fang",'F',92.5},
         {104,"Cheng ling",'F',87},
         {105,"Wang ming",'M',58},
      };
main()
{
    struct stu *ps;
    void ave(struct stu *ps);
    ps=boy;
    ave(ps);
}
void ave(struct stu *ps)
{
```

```
    int c=0,i;
    float ave,s=0;
    for(i=0;i<5;i++,ps++)
    {
        s+=ps->score;
        if(ps->score<60) c+=1;
    }
    printf("s=%f\n",s);
    ave=s/5;
    printf("average=%f\ncount=%d\n",ave,c);
}
```

本程序中定义了函数 ave，其形参为结构型指针变量 ps。boy 被定义为外部结构型数组，因此在整个源程序中有效。在 main 函数中定义了结构型指针变量 ps，并把 boy 的首地址赋予它，使 ps 指向 boy 数组，然后以 ps 作实参调用函数 ave，在函数 ave 中完成计算平均成绩和统计不及格人数的工作并输出结果。

由于本程序采用指针变量进行处理，故速度更快，程序效率更高。

9.2　共用型

9.2.1　共用型与共用型的定义

共用型和结构型类似，也是一种由用户自己定义的数据类型，也可以由若干种数据类型组合而成，组成共用型数据的若干数据也称为成员。和结构型不同的是，共用型数据中所有成员占用相同的内存空间（以需要内存空间最大的成员的要求为准）。设置这种数据类型的主要目的就是节省内存。

共用型需要用户在程序中自己定义，然后才能用这种数据类型来定义相应的变量、数组、指针等。

共用型定义的一般形式为：

```
union  共用型名
{
    数据类型 1      成员名 1;
    数据类型 1      成员名 1;
    …
    数据类型 n      成员名 n;
};
```

其中 union 是关键字，共用型成员的数据类型可以是 C 语言所允许的任何数据类型，在花括号外的分号表示共用型定义结束。例如：

```
    union  utype
    {
```

```
        int i;
        char ch;
        long l;
        char c[4];
    };
```

在这里定义了一个 union utype 共用型，它包括 4 个不同类型的成员，这些成员将占用相同的内存空间。

需要注意的是，共用型数据中每个成员所占用的内存单元都是连续的，而且都是从分配的连续内存单元中第一个内存单元开始存放。所以，对共用型数据来说，所有成员的首地址都是相同的；这是共用型数据的一个特点。

9.2.2 共用型变量的定义和使用

1. 共用型变量的定义

共用型变量的定义与结构型变量定义相似，包括 3 种形式：

① union 共用型名　变量名表;

② union 共用型名

{

成员表;

}变量名表;

③ union

{

成员表;

}变量名表;

例如：

```
union  utype
{
    int i;
    char ch;
    long l;
    char c[4];
}a,b,c;
```

这样变量 a、b、c 就被定义为一种共用型变量，所占内存空间各为 4 个字节，它的 4 个成员根据自己的需要共享这个空间。

2. 共用型变量成员的引用

与结构型变量类似，共用型成员的引用也有 3 种形式。例如：

```
union  u
{
     char  u1;
```

```
    int  u2;
}x,*p=&x;
```

则 x 变量成员的引用形式为：

① `x.u1`　　`x.u2`

② `(*p).u1`　　`(*p).u2`

③ `p->u1`　　`p->u2`

3. 共用型变量赋初值

共用型变量也可以在定义时直接进行初始化，但这个初始化只能对第一个成员进行。

【例 9.7】 共用型变量赋初值。

```
union  u
{
    char u1;
    int u2;
};
main()
{
   union u a={0x9741};
   printf("1. %c %x\n",a.u1,a.u2);
   a.u1='a';
   printf("2. %c %x\n",a.u1,a.u2);
}
```

程序输出结果：

```
   1. A 41
   2. a 61
```

由于第一个成员是字符型，仅占用一个字节，所以对于初值 0x9741 仅能接受 0x41，高位部分被截去。另外在此程序中仅对 u1 成员进行了赋值，因此对 u2 成员的引用是无意义的。

4. 共用型应用举例

【例 9.8】

```
main( )
{
    union
    {
        short a;
        char c;
    }m;
    m.a=100;
    m.c='A';
    printf("%d,%c\n", m.a, m.c);
```

```
}
```

运行结果为：

65，A

表 9–1　学生和教师数据表

name	num	sex	job	class（班） / position（职务）
Li	1011	f	s	501
Wang	2085	m	t	prof

【例 9.9】设有若干个人员的数据，其中有学生和教师。学生的数据中包括：姓名、号码、性别、职业、班级。教师的数据包括：姓名、号码、性别、职业、职务。可以看出，学生和教师所包含的数据是不同的。现要求把它们放在同一个表格中，见表 9–1。如果“job”项为“s”(学生)，则第 5 项为 class（班)；如果“job”项为“t”(教师)，则第 5 项为 position（职务)。显然对第 5 项可以用共用型来处理（将 class 和 position 放在同一段内存中)。

要求输入人员的数据，然后再输出。

为了简化起见，只设两个人（一个学生、一个教师)。

```
union u2
{
   int  class;
   char  position[10];
};
struct
{
    int  num;
    char name[10];
    char  sex;
    char job;
    union u2 category;
}person[2];
main( )
{
   int i;
   for (i=0; i<2; i++)
   {
       scanf("%d%s%c%c",&person[i].num,person[i].name,&person[i].
       sex,&person[i].job);
            if(person[i].job= ='s')
             scanf ("%d",&person[i].category.class);
         else if (person[i].job= ='t')
```

```
            scanf ("%s", &person[i].category.position);
            else printf("input error!");
    }
    printf ("\n");
    printf ("No.     Name      Sex    Job   class/position\n");
    for(i=0; i<2; i++)
    {
      if(person[i].job= ='s')
          printf ("%-6d %-10s %-3c %-3c %-6d\n", person[i].num,
          person[i].name,
                  person[i].sex,person[i].job,person[i].categor
                  y.class);
      else
            printf ("%-6d %-10s %-3c %-3c %-6s\n", person[i].num,
            person[i].name,
                  person[i].sex,person[i].job,person[i].category.
                  class);
    }
}
```

运行情况如下：

```
101  Li  f  s  501
102  Wang  m  t  professor
No.    Name     Sex  Job   class/position
101    Li        f     s     501
102    Wang     m    t      professor
```

9.3　枚举型

在实际问题中，有些变量的取值被限定在一个有限的范围内。例如，一个星期只有 7 天，一年只有 12 个月，一个班每周有 6 门课程等。如果把这些量说明为整型、字符型或其他类型显然是不妥当的。为此，C 语言提供了一种称为枚举的类型。在枚举类型的定义中列举出所有可能的取值，被说明为该枚举类型的变量，取值不能超过定义的范围。应该说明的是，枚举类型是一种基本数据类型，而不是一种构造类型，因为它不能再分解为任何基本类型。

9.3.1　枚举型的定义和枚举变量的说明

1. 枚举型定义的一般形式

枚举型定义的一般形式为：

enum　枚举名{ 枚举值表 };

其中，enum 是关键字，在枚举值表中罗列出所有可用值，这些值也称为枚举元素。枚举值之间用逗号分隔。

例如，定义一个表示星期的枚举型：

```
enum weekday
{sun,mon,tue,wed,thu,fri,sat};
```

枚举名为 weekday，枚举值共有 7 个，即一周中的 7 天。凡被说明为 enum weekday 类型的变量，取值只能是 sun、mon、tue、wed、thu、fri、sat 中的一个。

枚举型在使用中有以下规定：

（1）枚举值是常量，不是变量，不能在程序中用赋值语句再对它赋值。

例如，对 enum weekday 型的元素再作以下赋值：

```
sun=5;
mon=2;
sun=mon;
```

都是错误的。

（2）枚举元素本身由系统定义了一个表示序号的数值，从 0 开始顺序定义为 0，1，2，…。如 enum weekday 中，sun 值为 0，mon 值为 1，…，sat 值为 6。枚举值也可以在定义时被指定，且其后枚举元素值顺序加 1。枚举值还可按其序号作判断比较。

2. 枚举变量的说明

如同结构型和共用型变量一样，枚举变量也可用不同的方式说明，即先定义后说明、同时定义和说明或直接说明。如说明变量 a、b、c 为表示星期的类型，可采用下述任一种方式：

```
enum weekday{ sun,mou,tue,wed,thu,fri,sat };
enum weekday a,b,c;
```

或者

```
enum weekday{ sun,mou,tue,wed,thu,fri,sat }a,b,c;
```

或者

```
enum { sun,mou,tue,wed,thu,fri,sat }a,b,c;
```

9.3.2 枚举变量的赋值和使用

给枚举变量赋值时，只能把枚举值赋予枚举变量，不能把元素的数值直接赋予枚举变量。如：

```
a=sum;
b=mon;
```

是正确的，而：

```
a=0;
b=1;
```

是错误的。如一定要把数值赋予枚举变量，则必须用强制类型转换。

如：

```
a=(enum weekday)2;
```

表示将顺序号为 2 的枚举元素赋予枚举变量 a，相当于：

```
a=tue;
```

还应该说明的是枚举元素不是字符常量也不是字符串常量，使用时不要加单、双引号。

【例 9.10】

```
main()
{
    enum weekday
    {sun,mon,tue,wed,thu,fri,sat } a,b,c;
    a=sun;
    b=mon;
    c=tue;
    printf("%d,%d,%d",a,b,c);
}
```

运行结果为：

```
0，1，2
```

【例 9.11】

```
main()
{
     enum body
     { a,b,c,d } month[31],j;
     int i;
     j=a;
     for(i=1;i<=30;i++)
     {
         month[i]=j;
         j++;
         if (j>d) j=a;
    }
    for(i=1;i<=30;i++)
    {
        switch(month[i])
        {
            case a:printf("%2d %c\t",i, 'a'); break;
            case b:printf("%2d %c\t",i, 'b'); break;
            case c:printf("%2d %c\t",i, 'c'); break;
            case d:printf("%2d %c\t",i, 'd'); break;
            default:break;
        }
    }
```

```
    printf("\n");
}
```

运行结果为：

```
 1 a   2 b   3 c   4 d   5 a   6 b   7 c   8 d   9 a  10 b
11 c  12 d  13 a  14 b  15 c  16 d  17 a  18 b  19 c  20 d
21 a  22 b  23 c  24 d  25 a  26 b  27 c  28 d  29 a  30 b
```

9.4 用 typedef 定义类型

C 语言不仅提供了丰富的数据类型，而且还允许用户用类型定义符 typedef 定义类型说明符，也就是说允许用户为数据类型取“别名”。例如，有整型量 a、b，其说明如下：

```
int a,b;
```

其中 int 是整型说明符。int 的完整写法为 integer，为了增加程序的可读性，可把整型说明符用 typedef 定义为 INTEGER：

```
typedef int INTEGER;
```

之后就可用 INTEGER 来代替 int 作整型类型说明。例如：

```
INTEGER a,b;
```

等效于：

```
int a,b;
```

用 typedef 定义数组、指针、结构型等类型将带来很大的方便，不仅使程序书写简单，而且使意义更为明确，因而增强了可读性。

例如：

```
typedef char NAME[20];
```

定义 NAME 是字符数组类型，数组长度为 20，然后可用 NAME 说明变量，如：

```
NAME a1,a2,s1,s2;
```

完全等效于：

```
char a1[20],a2[20],s1[20],s2[20];
```

又如：

```
typedef struct stu
{
    char name[20];
    int age;
    char sex;
}STU;
```

定义 STU 表示 struct stu 结构型，然后可用 STU 来说明 struct stu 结构型变量：

```
STU body1,body2;
```

等效于：

```
struct stu body1,body2;
```

类型定义的一般形式为：

typedef　原类型名　新类型名

其中，新类型名一般用大写表示，以便于区别。

虽然也可用宏定义来代替 typedef 的功能，但是宏定义是由编译预处理完成的，而用 typedef 定义类型是在编译时完成的，后者更为灵活方便。

习　题

一、选择题

1. 在说明一个结构型变量时，系统分配给它的存储空间是（　　）。

A. 该结构型中第一个成员所需的存储空间

B. 该结构型中最后一个成员所需的存储空间

C. 该结构型中占用最大存储空间的成员所需的存储空间

D. 该结构型中所有成员所需的存储空间的总和

2. 在说明一个共用型变量时，系统分配给它的存储空间是（　　）。

A. 该共用型中第一个成员所需的存储空间

B. 该共用型中最后一个成员所需的存储空间

C. 该共用型中占用最大存储空间的成员所需的存储空间

D. 该共用型中所有成员所需的存储空间的总和

3. 使用共用型的目的是（　　）。

A. 将一组数据作为一个整体，以便于其中的成员共享同一存储空间

B. 将一组具有相同数据类型的数据作为一个整体，以便于其中的成员共享同一存储空间

C. 将一组相关数据作为一个整体，以便在程序中使用

D. 将一组相同属性的数据作为一个整体，以便在程序中使用

4. 以下关于 typedef 的叙述中不正确的是（　　）。

A. 用 typedef 定义各种类型名，但不能用来定义变量

B. 用 typedef 可以增加新类型

C. 用 typedef 只是将已存在的类型用一个新的名称来代表

D. 使用 typedef 便于程序的通用

5. 在下列程序段中，枚举变量 c1 和 c2 的值是（　　）。

```
main()
{
    enum color {red,yellow,blue=4,green,white} c1,c2;
    c1=yellow;
    c2=white;
    printf("%d,%d\n",c1,c2);
}
```

A. 1, 5　　　　B. 0, 3　　　　C. 2, 5　　　　D. 1, 6

6. 若有以下说明和语句：

```
struct worker
{
```

```
        int no;
            char *name;
    }work,*p=&work;
```

则以下引用方式中不正确的是（　　）。

A. work.no　　B. (*p).no　　C. p->no　　D. work->no

7. 以下程序执行后的正确结果是（　　）。

```
    struct tree
    {
         int x;
         char *s;
    }t;
    func(struct tree t)
    {
         t.x=10;
         t.s="computer";
         return(0);
    }
    main()
    {
         t.x=1;
         t.s="minicomputer";
         func(t);
         printf("%d,%s\n",t.x,t.s);
    }
```

A. 10,computer　　B. 1,minicomputer

C. 1,computer　　D. 10,minicomputer

8. 有如下定义：

```
    struct date
    {
         int year,month,day;
    };
    struct worklist
    {
         char name[20];
         char sex;
         struct date birthday;
    }person;
```

对结构型变量 person 的出生年份进行赋值时，下面正确的赋值语句是（　　）。

A. year=1958　　B. birthday.year=1958

C. person.birthday.year=1958　　D. person.year=1958

9. 在如下结构型定义中，不正确的是（　　）。

A. struct student
```
{
 int no;
 char name[10];
        float score;
};
```
B. struct stud[20]
```
{
        int no;
char name[10];
        float score;
};
```
C. struct student
```
{
        int no;
char name[10];
        float score;
}stud[20];
```
D. struct
```
{
     int no;
 char name[10];
 float score;
} stud[100];
```
10. 设有以下定义，则语句 printf("%d",sizeof(struct date)+sizeof(max)); 的执行结果为（　　）。
```
typedef  union(  )
{
     long  i;
     int k[5];
     char c;
 } DATE;
struct date
{
     int cat;
     DATE cow;
     double dog;
```

```
} too;
DATE max;
```

A. 25　B. 30　C. 18　D. 8

11. 若有以下说明，则对结构型变量 studl 中成员 age 的不正确引用方式为（　　）。

```
struct student
{
    int age;
    int num;
}studl, *p=&studl;
```

A. studl.age　B. student.age　C. p->age　D. (*p). age

12. 若有以下程序段，则不正确的使用是（　　）。

```
struct student
{
    int num;
    int age;
};
struct student stu[3]={{1001, 20}, {1002, 19}, {1004, 20}};
main ()
{
    struct strdent *p;
    p=stu;
}
```

A. (p++)→num　B. p++　C. (*p). num　D. p=&stu. age

二、填空题

1. 结构型和数组都属于构造类型，但结构型中各个成员的__________可以不同。
2. 结构型和共用型都属于构造类型，但共用型中各个成员共享相同的__________。
3. 要定义结构型变量（数组、指针），必须先定义__________。
4. 以下程序的执行结果是__________。

```
typedef struct
{
    long x[2];
    int y[4];
    char z[8];
}MYTYPE;
MYTYPE a;
main()
{
    printf("%d\n",sizeof(a));
}
```

5. 有如下定义：

```
struct
{
   int x;
   char *y;
}tab[2]={{1,"ab"},{2,"cd"}},*p=tab;
```

则表达式*p->y 的结果是____，表达式*(++p)->y 的结果是____。

6. 有如下定义：

```
struct
{
   int x;
   int y;
}s[2]={{1,2},{3,4}},*p=s;
```

则表达式 ++p->x 的结果是____，表达式(++p)->x 的结果是____。

7. 若定义了以下结构型变量 stud，则它在内存中将占____个字节。（设在 16 位 PC 机环境下）

```
struck student
{
    int num;
    char name[20];
    char sex;
    int age;
}stud;
```

8. 设有以下定义和语句，请输出 num.i 和 num.y，并补充其相应的格式说明。

```
union
{
    int i;
    double y;
}num;
num.i=10;
num.y=10.5;
printf ("____", ____);
```

三、阅读程序，写出结果

1. 以下程序的运行结果为____。

```
main ()
{
   union
   {
        long i;
```

```
        int k;
        unsigned char s;
    }abc;
    abc.i=0x12345678;
    printf ("%x\n",abc.k);
    printf ("%x\n",abc.s);
}
```

2. 以下程序的运行结果为____。

```
main ()
{
    union mum{
    struct {int x; int y; }in;
    int a;
    int b; }n;
    n.a=1; n.b=2;
    n.in.x=n.a*n.b;
    n.in.y=n.a+n.b;
    printf ("%d, %d\n", n.in.x, n.in.y);
}
```

3. 以下程序的运行结果为____。（提示：c[0]在低字节，c[1]在高字节）

```
#include<stdio.h>
union p
{
    int i;
    char c[2];
}x;
main ()
{
    x.c[0]=13;
    x.c[1]=0;
    printf ("%d\n", x.i);
}
```

4. 以下程序的运行结果为____。

```
struct s
{
    int n;
    int *m;
}*p;
int d[5]={10,20,30,40,50};
```

```
struct s arr[5]={100,&d[0],
          200,&d[1],
          300,&d[2],
          400,&d[3],
          500,&d[4]};
#include<stdio.h>
main()
{
    p=arr;
    printf("%d\n",++p->n);
    printf("%d\n",(++p)->n);
    printf("%d\n",*(*p).m);
}
```

5. 以下程序的执行结果是______。

```
struct stru
{
     int x;
     char c;
};
main()
{
   struct stru a={10, 'x'};
   func(a);
   printf("%d,%c\n",a.x,a.c);
}
func(struct stru b)
{
   b.x=20;
   b.c='y';
}
```

四、编程题

1. 有1 000个学生，每个学生的数据包括学号、姓名、3门课的成绩。数据从键盘输入，要求按各个学生的3门课平均成绩，从高分到低分打印出这1 000个学生的学号、姓名以及个人平均成绩。

2. 定义一个表示日期的结构型变量，写一个为days的函数，计算该日是本年的第几天，并编写主函数调用days函数实现其功能。

3. 一个公司的通讯录具有以下嵌套结构：

```
struct com
{
```

```
        long  post;
        char  homaddr[50];
        char  tel[20];
    };
    struct person
    {
            char  name[20];
            int   age;
            char  unitaddr[60];
            struct  com per;
    };
```

输入 10 名职员的通讯录，然后输出所有年龄大于等于 30 的职员的通讯录。

4. 编写一个程序，实现从键盘输入一个 unsigned long 型整数，然后将其前两个字节和后两个字节分别作为两个 unsiged int 型整数输出在显示器上（提示：使用共用型数据实现）。

第10章 文　　件

章前导读

听说过“黑瞎子”吗？就是狗熊，东北人管狗熊叫“黑瞎子”。

黑瞎子有个特别爱好：进玉米地掰玉米，而且还贪心，恨不得把地里所有的玉米棒子全部都掰回去。于是，天一擦黑，黑瞎子就进了玉米地，掰一个夹在胳肢窝里，再掰一个夹到另一边的胳肢窝里……

天快亮了，黑瞎子觉得该收工了，于是高高兴兴地一边胳肢窝夹着一个棒子就回山洞去了。

前面写的程序，其功能大多如此，每次运行的结果只是看看而已，却不能在程序中保存下来，下次运行时又要从头再来，那么C语言要怎样做才能保存程序运行中处理的数据或者以前运行时处理的结果呢？

这正是本章要解决的问题。

10.1　C文件概述

所谓“文件”是指一组相关数据的有序集合，这个数据集有一个名称，叫做文件名。实际上在前面的各章中我们已经多次使用了文件，例如源程序文件、目标文件、可执行文件、库文件（头文件）等。

文件通常是驻留在外部介质（如磁盘等）上的，在使用时才调入内存。从不同的角度可对文件作不同的分类。从用户的角度看，文件可分为普通文件和设备文件两种。

普通文件是指驻留在磁盘或其他外部介质上的一个有序数据集，可以是源文件、目标文件、可执行程序，也可以是一组待输入处理的原始数据，或者是一组输出的结果。源文件、目标文件、可执行程序可以称作程序文件，输入输出数据可称作数据文件。

设备文件是指与主机相联的各种外部设备，如显示器、打印机、键盘等。在操作系统中，把外部设备也看作是一个文件来进行管理，把它们的输入、输出等同于对磁盘文件的读和写。

通常把显示器定义为标准输出文件，一般情况下在屏幕上显示的有关信息就是向标准输出文件的输出，如前面经常使用的printf、putchar函数就是向显示器输出的函数。

键盘通常被定义为标准输入文件，从键盘上输入就意味着从标准输入文件上输入数据，scanf、getchar函数就是从键盘输入数据的函数。

从文件编码的方式来看，文件可分为ASCII码文件和二进制文件两种。

ASCII码文件也称为文本文件，这种文件在磁盘中存放时，每个字符对应一个字节，用于存放对应的ASCII码。

例如，数5678的存储形式为：

ASCII 码 00110101 00110110 00110111 00111000
↓ ↓ ↓ ↓
十进制码 5 6 7 8

共占用 4 个字节。

ASCII 码文件可在屏幕上按字符显示。例如源程序文件就是 ASCII 码文件，用 DOS 命令 TYPE 可显示文件的内容。由于是按字符显示文件内容，因此能读懂。

二进制文件是按二进制的编码方式来存放文件的。

例如，数 5678 的存储形式为：

00010110 00101110

只占两个字节。二进制文件虽然也可在屏幕上显示，但其内容无法读懂。

C 系统在处理这些文件时，并不区分类型，而是都看成是字符流，按字节进行处理，输入输出字符流的开始和结束只由程序控制而不受物理符号（如回车符）的控制。因此也把这种文件称作“流式文件”。

本章讨论流式文件的打开、关闭、读、写、定位等各种操作。

10.2 文件指针

在 C 语言中用一个指针变量指向一个文件，这个指针变量称为文件指针。通过文件指针就可对它所指向的文件进行各种操作。

定义文件指针的一般形式为：

FILE *指针变量;

其中 FILE 应为大写，它实际上是由系统定义的一个结构型（文件型），其中含有文件名、文件状态和文件当前位置等信息。

例如：

```
FILE *fp;
```

表示 fp 是指向 FILE 类型的指针变量（文件指针）。通过 fp 即可找到存放某个文件信息的结构型变量（文件型变量），然后按结构型变量提供的信息找到该文件，实施对文件的操作。习惯上也笼统地把 fp 称为指向一个文件的指针。

10.3 文件的打开与关闭

文件在进行读写操作之前要先打开，使用完毕要关闭。所谓打开文件，实际上是建立文件的各种有关信息，并使文件指针指向该文件，以便进行其他操作。关闭文件则是断开指针与文件之间的联系，也就是禁止再通过文件指针对该文件进行操作。

在 C 语言中，文件操作都是由库函数来完成的，使用时都要求包含头文件 stdio.h。在本章内将介绍主要的文件操作函数。

10.3.1 文件的打开（fopen 函数）

fopen 函数用来打开一个文件，其调用的一般形式为：

文件指针名=**fopen（文件名，使用文件方式）;**

其中：

- “文件指针名”必须是被说明为 FILE 类型的指针变量；
- “文件名”指的是要打开的文件的文件名；
- “使用文件方式”是指文件的类型和操作要求；
- “文件名”是字符串常量或字符串数组。

例如：

```
FILE *fp;
fp=("file.a","r");
```

在当前目录下打开文件 file.a，只允许进行“读”操作，并使 fp 指向该文件。

又如：

```
FILE *fphzk
fphzk=("c:\\hzk16","rb")
```

表示打开驱动器磁盘 C 的根目录下的文件 hzk16，这是一个二进制文件，只允许按二进制方式进行读操作。文件名中两个反斜线为转义字符，表示根目录。

使用文件的方式共有 12 种，表 10–1 给出了它们的符号和含义。

表 10–1 文件使用方式及其含义

文件使用方式	含 义
"rt"（只读）	打开一个文本文件，只允许读数据
"wt"（只写）	打开或建立一个文本文件，只允许写数据
"at"（追加）	打开一个文本文件，并在文件末尾写数据
"rb"（只读）	打开一个二进制文件，只允许读数据
"wb"（只写）	打开或建立一个二进制文件，只允许写数据
"ab"（追加）	打开一个二进制文件，并在文件末尾写数据
"rt+"（读写）	打开一个文本文件，允许读和写
"wt+"（读写）	打开或建立一个文本文件，允许读和写
"at+"（读写）	打开一个文本文件，允许读或在文件末追加数据
"rb+"（读写）	打开一个二进制文件，允许读和写
"wb+"（读写）	打开或建立一个二进制文件，允许读和写
"ab+"（读写）	打开一个二进制文件，允许读或在文件末追加数据

对于文件使用方式有以下几点说明。

（1）文件使用方式由 r、w、a、t、b 和+这 6 个字符拼成，各字符的含义是：

(read)	读；
w(write)	写；
a(append)	追加；
t(text)	文本文件，可省略不写；
b(banary)	二进制文件；
+	读和写。

（2）凡用“r”打开一个文件时，该文件必须已经存在，且只能从该文件读出。

（3）用“w”打开的文件只能向该文件写入。若打开的文件不存在，则以指定的文件名建立该文件，若打开的文件已经存在，则将该文件删去，重建一个新文件。

（4）若要向一个已存在的文件追加新的信息，只能用“a”方式打开文件。但此时该文件必须是存在的，否则将会出错。

（5）在打开一个文件时，如果出错，fopen 将返回一个空指针值 NULL。在程序中可以用这一信息来判别是否完成打开文件的工作，并作相应的处理。因此常用以下程序段打开文件。

```
    if((fp=fopen("c:\\hzk16","rb")==NULL)
{
        printf("\nerror on open c:\\hzk16 file!");
        getch();
        exit (1) ;
    }
```

这段程序表示，如果返回的指针为空，则不能打开 C 盘根目录下的 hzk16 文件，给出提示信息“error on open c:\ hzk16 file!”。getch()的功能是从键盘输入一个字符，但不在屏幕上显示，作用是等待，只有当用户从键盘按任意键后，程序才继续执行，因此用户可利用这个等待时间阅读出错提示。按键后执行 exit（1），退出程序。

（6）把一个文本文件读入内存时，要将 ASCII 码转换成二进制码；而把文件以文本方式写入磁盘时，也要把二进制码转换成 ASCII 码，因此文本文件的读写要花费较多的转换时间。二进制文件的读写不存在这个问题。

（7）标准输入文件（键盘，文件指针为 stdin）、标准输出文件（显示器，文件指针为 stdout）、标准出错输出文件（出错信息，文件指针为 stderr）是由系统打开的，可直接使用。

10.3.2 文件的关闭（fclose 函数）

文件一旦使用完毕，应用 fclose 函数把文件关闭，以避免出现文件的数据丢失等错误。

fclose 函数调用的一般形式是：

fclose（文件指针）；

例如：

```
    fclose(fp);
```

正常完成关闭文件操作时，fclose 函数返回值为 0，如返回非零值则表示有错误发生。

3 种标准输入/输出设备文件在退出系统时，将自动关闭。

10.4 文件的读/写

对文件的读和写是最常用的文件操作。在 C 语言中提供了多种文件读/写的函数，常用的有：

（1）字符读/写函数 fgetc 和 fputc；

（2）字符串读/写函数 fgets 和 fputs；

（3）数据块读/写函数 freed 和 fwrite；

（4）格式化读/写函数 fscanf 和 fprinf。

下面分别予以介绍。

10.4.1　字符读/写函数 fgetc 和 fputc

字符读/写函数是以字符（字节）为单位的读/写函数，每次可从文件读出或向文件写入一个字符。

1. 读字符函数 fgetc

fgetc 函数的功能是从指定的文件中读一个字符，调用的形式可为：

字符型变量=fgetc（文件指针）;

例如：

```
ch=fgetc(fp);
```

表示从 fp 指向的文件中读取一个字符并送入 ch 中。

对 fgetc 函数的使用有以下几点说明。

（1）在 fgetc 函数调用中，读取的文件必须是以读或读写方式打开的。

（2）读取的字符也可以不向字符型变量赋值。

例如：

```
fgetc(fp);
```

对读出的字符不予保存。

（3）在文件内部有一个位置指针，用来指向文件的当前读/写位置。在文件打开时，该指针总是指向文件的第一个字节，使用 fgetc 函数后，该位置指针将向后移动一个字节，因此可连续多次使用 fgetc 函数，读取多个字符。应注意文件指针和文件内部的位置指针不是一回事。文件指针是指向整个文件的，须在程序中定义，只要不重新赋值，文件指针的值是不变的；文件内部的位置指针用以指示文件内部的当前读写位置，每读写一次，该指针均向后移动一个字节，它无需在程序中定义，是由系统自动设置的。

（4）执行 fgetc 函数读取字符时，遇到文件结束符，则返回一个文件结束标志 EOF（在 stdio.h 中定义的符号常量，值为–1）。

【例 10.1】 读入文件 c1.txt，在屏幕上输出。

```
#include<stdio.h>
main()
{
    FILE *fp;
    char ch;
    if((fp=fopen("d:\\jrzh\\example\\c1.txt","rt"))==NULL)
    {
        printf("\nCannot open file, press any key exit!");
        getch();
        exit (1) ;
    }
    ch=fgetc(fp);
    while(ch!=EOF)
```

```
    {
        putchar(ch);
        ch=fgetc(fp);
    }
    fclose(fp);
}
```

例 10.1 程序的功能是从文件中逐个读取字符，在屏幕上显示。程序定义了文件指针 fp，以读文本文件方式打开文件“d:\\jrzh\\example\\c1.txt”，并使 fp 指向该文件。如打开文件出错，给出提示并退出程序。程序第 12 行先读出一个字符，然后进入循环，只要读出的字符不是文件结束标志（每个文件末有一结束标志 EOF）就把该字符显示在屏幕上，再读入下一字符，每读一次，文件内部的位置指针向后移动一个字符，文件结束时，该指针指向 EOF。执行本程序将显示整个文件。

2. 写字符函数 fputc

fputc 函数的功能是把一个字符写入指定的文件中，函数调用的形式为：

fputc（字符量，文件指针）;

其中待写入的字符量可以是字符型常量或变量。例如：

```
fputc('a',fp);
```

表示把字符 a 写入 fp 所指向的文件中。

对 fputc 函数的使用也要说明几点。

（1）被写入的文件应用写、读/写、追加方式打开，用写或读/写方式打开一个已存在的文件时将清除原有的文件内容，写入字符从文件首开始。如需保留原有文件内容，希望写入的字符从文件末开始存放，必须以追加方式打开文件。被写入的文件若不存在，则创建该文件。

（2）每写入一个字符，文件内部位置指针向后移动一个字节。

（3）fputc 函数有一个返回值，如写入成功则返回写入的字符，否则返回 EOF。可用此来判断写入是否成功。

【例 10.2】从键盘输入一行字符，写入一个文件，再把该文件内容读出显示在屏幕上。

```
#include<stdio.h>
main()
{
    FILE *fp;
    char ch;
    if((fp=fopen("d:\\jrzh\\example\\string","wt+"))==NULL)
    {
        printf("Cannot open file, press any key exit!");
        getch();
        exit (1) ;
    }
    printf("input a string:\n");
```

```
    ch=getchar();
    while (ch!= '\n')
    {
        fputc(ch,fp);
        ch=getchar();
    }
    rewind(fp);                /* 文件定位函数 */
    ch=fgetc(fp);
    while(ch!=EOF)
    {
        putchar(ch);
        ch=fgetc(fp);
    }
    printf("\n");
    fclose(fp);
}
```

程序中第6行以读/写文本文件的方式打开文件string。程序第13行从键盘读入一个字符后进入循环，当读入字符不为回车符时，则把该字符写入文件之中，然后继续从键盘读入下一字符，每输入一个字符，文件内部位置指针向后移动一个字节，写入完毕，该指针已指向文件末。如要把文件从头读出，须把指针移向文件头，程序第19行rewind函数用于把fp所指文件的内部位置指针移到文件头。第20～25行用于读出文件的内容。

【例10.3】把命令行参数中的前一个文件名标识的文件，复制到后一个文件名标识的文件中，如命令行中只有一个文件名则把该文件写到标准输出文件（显示器）中。

```
#include<stdio.h>
main(int argc,char *argv[])
{
    FILE *fp1,*fp2;
    char ch;
    if(argc==1)
    {
        printf("have not enter file name press any key exit");
        getch();
        exit(0);
    }
    if((fp1=fopen(argv[1],"rt"))==NULL)
    {
        printf("Cannot open %s\n",argv[1]);
        getch();
        exit (1) ;
```

```
    }
    if(argc==2) fp2=stdout;          /* 标准输出设备文件的文件指针  */
    else if((fp2=fopen(argv[2],"wt+"))==NULL)
          {
               printf("Cannot open %s\n",argv[2]);
               getch();
               exit (1) ;
          }
    while((ch=fgetc(fp1))!=EOF)
        fputc(ch,fp2);
    fclose(fp1);
    fclose(fp2);
}
```

本程序为有参 main 函数。程序中定义了两个文件指针 fp1 和 fp2，分别指向命令行参数中给出的文件，如命令行参数中没有给出文件名，则给出提示信息。程序第 18 行表示如果只给出一个文件名，则使 fp2 指向标准输出文件（即显示器）。程序第 25～26 行用循环语句逐个读出文件 1 中的字符再送到文件 2 中。

10.4.2 字符串读写函数 fgets 和 fputs

1. 读字符串函数 fgets

函数的功能是从指定的文件中读一个字符串到字符数组中，函数调用的形式为：

fgets(字符数组名,n,文件指针);

其中的 n 是一个正整数，表示从文件中读出的字符串不超过 n–1 个字符。在读入的最后一个字符后加上串结束标志'\0'。

例如：

```
fgets(str,n,fp);
```

表示从 fp 所指的文件中读 n–1 个字符送入字符数组 str 中。

【例 10.4】从 string 文件中读一个含 10 个字符的字符串。

```
#include<stdio.h>
main()
{
    FILE *fp;
    char str[11];
    if((fp=fopen("d:\\jrzh\\example\\string","rt"))==NULL)
    {
        printf("\nCannot open file, press any key exit!");
        getch();
        exit (1) ;
```

```
    }
    fgets(str,11,fp);
    printf("\n%s\n",str);
    fclose(fp);
}
```

例 10.4 定义了一个字符数组 str 共 11 个字节，在以读文本文件方式打开文件 string 后，从中读出 10 个字符送入 str 数组，在数组最后一个单元内将加上'\0'，然后在屏幕上显示输出 str 数组。

对 fgets 函数有两点说明。

（1）在读出 n–1 个字符之前，如遇到了换行符或 EOF，则读出结束。

（2）fgets 函数也有返回值，其返回值是字符数组的首地址。

2. 写字符串函数 fputs

fputs 函数的功能是向指定的文件写入一个字符串，其调用形式为：

fputs(字符串,文件指针);

其中字符串可以是字符串常量，也可以是字符数组名，或指针变量，例如：

```
fputs("abcd",fp);
```

表示把字符串“abcd”写入 fp 所指的文件之中。

【例 10.5】在例 10.2 中建立的文件 string 中追加一个字符串。

```
#include<stdio.h>
main()
{
    FILE *fp;
    char ch,st[20];
    if((fp=fopen("string","at+"))==NULL)
    {
      printf("Cannot open file, press any key exit!");
      getch();
      exit (1) ;
    }
    printf("input a string:\n");
    scanf("%s",st);
    fputs(st,fp);
    rewind(fp);
    ch=fgetc(fp);
    while(ch!=EOF)
    {
      putchar(ch);
      ch=fgetc(fp);
```

```
    }
    printf("\n");
    fclose(fp);
}
```

例 10.5 要求在 string 文件末追加字符串，因此，在程序第 6 行以追加读写文本文件的方式打开文件 string，然后输入字符串，并用 fputs 函数把该字符串写入文件 string。在程序第 15 行用 rewind 函数把文件内部位置指针移到文件首，进入循环逐个显示当前文件中的全部内容。

10.4.3 数据块读写函数 fread 和 fwrite

C 语言还提供了用于整块数据的读写函数，用来读写一组数据，如一个数组元素、一个结构型变量的值等。

读数据块函数调用的一般形式为：

fread(buffer,size,count,fp);

写数据块函数调用的一般形式为：

fwrite(buffer,size,count,fp);

其中：

buffer 是一个指针，在 fread 函数中，它表示存放输入数据的首地址，在 fwrite 函数中，它表示存放输出数据的首地址；

size 表示数据块的字节数；

count 表示要读写的数据块块数；

fp 表示文件指针。

例如：

```
    fread(fa,4,5,fp);
```

表示从 fp 所指的文件中，每次读 4 个字节（例如一个实数）送入实数组 fa 中，连续读 5 次，即读 5 个实数到 fa 中。

【例 10.6】从键盘输入两个学生的数据，写入一个文件中，再读出这两个学生的数据显示在屏幕上。

```
#include<stdio.h>
struct stu
{
    char name[10];
    int num;
    int age;
    char addr[15];
}boya[2],boyb[2],*pp,*qq;
main()
{
    FILE *fp;
```

```
    char ch;
    int i;
    pp=boya;
    qq=boyb;
    if((fp=fopen("d:\\jrzh\\example\\stu_list","wb+"))==NULL)
    {
        printf("Cannot open file, press any key exit!");
        getch();
        exit (1) ;
    }
    printf("\ninput data\n");
    for(i=0;i<2;i++,pp++)
        scanf("%s%d%d%s",pp->name,&pp->num,&pp->age,pp->addr);
    pp=boya;
    fwrite(pp,sizeof(struct stu),2,fp);
    rewind(fp);
    fread(qq,sizeof(struct stu),2,fp);
    printf("\n\nname\tnumber      age      addr\n");
    for(i=0;i<2;i++,qq++)
       printf("%s\t%5d%7d   %s\n",qq->name,qq->num,qq->age,qq->addr);
    fclose(fp);
}
```

例 10.6 程序定义了一个 struct stu 结构型，说明了两个结构型数组 boya 和 boyb，以及两个结构型指针变量 pp 和 qq，pp 指向 boya，qq 指向 boyb。程序第 16 行以读写方式打开二进制文件“stu_list”，输入两个学生数据之后，写入该文件中，然后把文件内部位置指针移到文件首，读出两个学生数据后，在屏幕上显示。

10.4.4　格式化读写函数 fscanf 和 fprintf

fscanf 函数、fprintf 函数与前面使用的 scanf 和 printf 函数的功能相似，都是格式化读写函数。两者的区别在于 fscanf 函数和 fprintf 函数的读写对象不是键盘和显示器，而是磁盘文件。

这两个函数的调用格式为：

fscanf（文件指针，格式字符串，输入表列）；

fprintf（文件指针，格式字符串，输出表列）；

例如：

```
fscanf(fp,"%d%s",&i,s);
fprintf(fp,"%d%c",j,ch);
```

【例 10.7】用 fscanf 和 fprintf 函数完成例 10.6 的问题。

```
#include<stdio.h>
```

```
struct stu
{
     char name[10];
     int num;
     int age;
     char addr[15];
}boya[2],boyb[2],*pp,*qq;
main()
{
    FILE *fp;
    char ch;
    int i;
    pp=boya;
    qq=boyb;
    if((fp=fopen("stu_list","wb+"))==NULL)
    {
        printf("Cannot open file, press any key exit!");
        getch();
        exit (1) ;
    }
    printf("\ninput data\n");
    for(i=0;i<2;i++,pp++)
        scanf("%s%d%d%s",pp->name,&pp->num,&pp->age,pp->addr);
    pp=boya;
    for(i=0;i<2;i++,pp++)
        fprintf(fp,"%s %d %d %s\n",pp->name,pp->num,pp->age,pp->addr);
    rewind(fp);
    for(i=0;i<2;i++,qq++)
        fscanf(fp,"%s %d %d %s\n",qq->name,&qq->num,&qq->age,qq->addr);
    printf("\n\nname\tnumber      age      addr\n");
    qq=boyb;
    for(i=0;i<2;i++,qq++)
         printf("%s\t%5d    %7d              %s\n",qq->name,qq->num,
    qq->age,qq-> addr);
    fclose(fp);
}
```

与例10.6相比，本程序中fscanf和fprintf函数每次只能读写一个结构型数组元素，因此采用了循环语句来读写全部数组元素。还要注意指针变量pp、qq，由于循环改变了它们的值，因此在程序的25和32行分别对它们重新赋予了数组的首地址。

10.5　文件的随机读/写

前面介绍的对文件的读/写都是顺序读/写，即读写文件只能从头开始，顺序读/写各个数据。但在实际问题中常要求只读/写文件中某一指定的部分。为了解决这个问题可移动文件内部的位置指针到需要读/写的位置，再进行读写，这种读/写称为随机读/写。

实现随机读/写的关键是要按要求移动位置指针，这称为文件的定位。

10.5.1　文件的定位

移动文件内部位置指针的函数主要有两个，即 rewind 函数和 fseek 函数。

rewind 函数前面已多次使用过，其调用形式为：

rewind（文件指针）；

它的功能是把文件内部的位置指针移到文件首。

fseek 函数用来移动文件内部位置指针，其调用形式为：

fseek（文件指针，位移量，起始点）；

其中：

- “文件指针”指向被移动的文件。
- “位移量”表示移动的字节数，要求位移量是 long 型数据，以便在文件长度大于 64KB 时不会出错。当用常量表示位移量时，要求加后缀“L”。“位移量”为负时，表示后退的字节数。
- “起始点”表示从何处开始计算位移量，规定的起始点有 3 种，即文件首、当前位置和文件尾。

其表示方法如表 10–2 所示。

表 10–2　.fseek 函数的表示方法

起始点	符号表示	数字表示
文件首	SEEK_SET	0
当前位置	SEEK_CUR	1
文件尾	SEEK_END	2

例如：

```
fseek(fp,100L,0);
```

表示把位置指针移到离文件首 100 个字节处。

还要说明的是，fseek 函数一般用于二进制文件。在文本文件中由于要进行转换，往往计算的位置会出现错误。

10.5.2　文件的随机读/写

在移动位置指针之后，即可用前面介绍的任一种读/写函数进行读/写。由于一般是读/写一个数据块，因此常用 fread 和 fwrite 函数。

【例 10.8】在学生文件 stu_list 中读出第二个学生的数据。

```
#include<stdio.h>
struct stu
{
    char name[10];
    int num;
    int age;
    char addr[15];
}boy,*qq;
main()
{
    FILE *fp;
    char ch;
    int i=1;
    qq=&boy;
    if((fp=fopen("stu_list","rb"))==NULL)
    {
        printf("Cannot open file, press any key exit!");
        getch();
        exit (1) ;
    }
    fseek(fp,i*sizeof(struct stu),0);
    fread(qq,sizeof(struct stu),1,fp);
    printf("\n\nname\tnumber      age      addr\n");
    printf("%s\t%5d  %7d     %s\n",qq->name,qq->num,qq->age,qq->addr);
}
```

文件 stu_list 已由例 10.6 的程序建立，本程序用随机读的方法读出第二个学生的数据。程序中定义 boy 为 struct stu 类型变量，qq 为指向 boy 的指针。以读二进制文件方式打开文件，程序第 22 行移动文件位置指针，其中的 i 值为 1，表示从文件头开始，移动一个 struct stu 类型的长度，然后读出的数据即为第二个学生的数据。

10.6 文件的检测

C 语言中常用的文件检测函数有以下几个。

1. 文件结束检测函数 feof

调用格式为：

feof（文件指针）；

功能：判断文件是否处于文件结束位置，如文件结束，则返回值为 1，否则为 0。

通常在读文件时，都要先利用该函数来判断文件不是处于结束位置，方可进行。常用形式：

```
while(!feof(文件指针))
{
    读文件
}
```

2. 读/写文件出错检测函数 ferror

调用格式为：

ferror（文件指针）；

功能：检查文件在用各种输入输出函数进行读/写时是否出错。如 ferror 返回值为 0 表示未出错，否则表示有错。

3. 文件出错标志和文件结束标志置 0 函数 clearerr

调用格式为：

clearerr（文件指针）；

功能：清除出错标志和文件结束标志，使它们为 0 值。

10.7　本章小结

（1）C 系统把文件当作一个“流”，按字节进行处理。

（2）C 文件按编码方式分为二进制文件和 ASCII 文件。

（3）C 语言中，用文件指针标识文件，当一个文件被打开时，可取得该文件指针。

（4）文件在读/写之前必须打开，读/写结束必须关闭。

（5）文件可按只读、只写、读/写、追加 4 种操作方式打开，同时还必须指定文件的类型是二进制文件还是文本文件。

（6）文件可按字符、字符串、数据块为单位读写，也可按指定的格式进行读写。

（7）文件内部的位置指针可指示当前的读/写位置，移动该指针可以对文件实现随机读/写。

习　　题

一、选择题

1. 当已存在一个 abc.txt 文件时，执行函数 fopen("abc.txt"，"r+")的功能是（　　）。

A. 打开 abc.txt 文件，清除原有的内容

B. 打开 abc.txt 文件，只能写入新的内容

C. 打开 abc.txt 文件，只能读取原有内容

D. 可以读取和写入新的内容

2. fopen( )函数的 mode 取值"r"和"w"时，它们之间的差别是（　　）。

A. "r" 可由文件读出，"w"不可由文件读出

B. "r" 不可向文件写入，"w"不可向文件写入

C. "r" 不可由文件读出，"w"可由文件读出

D. 文件不存在时，"r"建立文件，"w"出错

3. fopen( )函数的 mode 取值"w+"和"a+"时都可以写入数据，它们之间的差别是（　　）。

A. "w+" 时可在中间插入数据，而"a+"时只能在末尾追加数据

B. "w+"时和"a+"时只能在末尾追加数据

C. 在文件存在时，"w+"时清除原文件数据，而"a+"时保留原文件数据

D. "w+"时不能在中间插入数据，而"a+"时只能在末尾追加数据

4. 若用 fopen( )函数打开一个新的二进制文件，要求该文件可以读也可以写，则文件打开模式是（　　）。

A. "r+"　　B. "wb+"　　C. "a+"　　D. "ab"

5. 若用 fopen( ) 函数打开一个已存在的文本文件，保存该文件原有数据，且可以读也可以写，则文件打开模式是（　　）。

A. "r+"　　B. "w+"　　C. "a+"　　D. "a"

6. 使用 fseek 函数可以实现的操作是（　　）。

A. 改变文件的位置指针的当前位置

B. 文件的顺序读写

C. 文件的随机查找

D. 以上都不对

7. 若 fp 是指向某文件的指针，且读取文件时已读到文件末尾，则库函数 feof(fp)的返回值是（　　）。

A. EOF　　B. 0　　C. 非零值　　D. NULL

8. fread（buf,64,2,fp）的功能是（　　）。

A. 从 fp 文件流中读出整数 64，并存放在 buf 中

B. 从 fp 文件流中读出整数 64 和 2，并存放在 buf 中

C. 从 fp 文件流中读出 64 个字节的数据块，并存放在 buf 中

D. 从 fp 文件流中读出 2 个 64 个字节的数据块，并存放在 buf 中

9. fputc 函数的功能是向指定文件写入一个字符，并且文件的打开方式必须是（　　）才可运用它。

A. 只写　　B. 追加　　C. 可读/写　　D. A、B、C 均可

10. rewind 函数的功能是（　　）。

A. 将读/写位置指针返回到文件开头　　B. 将读/写位置指针指向文件尾部

C. 将读/写位置指针移移向指定位置　　D. 读写位置指针指向下一个字符

二、填空题

1. C 语言中，根据数据的组织形式，把文件分为________和__________两种。

2. 使用 fopen("abc"，"r+") 打开文件时，若 abc 文件不存在，则_________。

3. 使用 fopen("abc"，"w+") 打开文件时，若 abc 文件已存在，则________。

4. 使用 fopen("abc"，"a+") 打开文件时，若 abc 文件不存在，则_________。

5. C 语言对文本文件的存取是以________为单位进行的。

6. C 语言中，文件的格式化输入/输出函数对是_________；文件的数据块输入/输出函数

对是 ________；文件的字符输入/输出函数对是_______；文件的字符串输入/输出函数对是____________。

7. 欲将一个字符写入文本文件，可以使用_______、_______、_______、______函数。

8. 将 fp 的文件位置指针移到离文件开头 64 个字节处，采用的函数是________；将文件位置指针移到离当前文件位置前面 32 个字节处，采用的函数是_____；将文件位置指针移到离文件末尾前面 16 个字节处，采用的函数是_____。

三、阅读程序，写出结果

1. 以下程序的执行结果是_________。

```
#include<stdio.h>
main()
{
     int i,n;
     FILE *fp;
     if((fp=fopen("temp","w+"))==NULL)
     {
        printf("不能建立 temp 文件 \n");
        exit(0);
    }
    for(i=1;i<=10;i++)
          fprintf(fp, "%3d",i);
    for(i=0;i<10;i++)
    {
          fseek(fp, i* 3L ,SEEK_SET);
          fscanf(fp, "%d",&n);
          fseek(fp, i* 3L ,0);
          fprintf(fp, "%3d",n+10);
    }
    for(i=0;i<5;i++)
    {
          fseek(fp, i* 6L ,0);
          fscanf(fp, "%d",&n);
          printf("%3d",n);
    }
    fclose(fp);
}
```

2. 以下程序的执行结果是__________。

```
#include <stdio.h>
main()
{
```

```
        int  i, n;
        FILE  *fp;
        if((fp=fopen("temp","w+" ))==NULL)
        {
              printf("不能建立 temp 文件 \\n");
              exit(0);
        }
        for(i=1;i<10;i++)
             fprintf(fp,"%3d",i);
        for(i=0;i<5;i++)
        {
             fseek (fp, i* 6L ,SEEK_SET);
             fscanf (fp, "%d",&n);
             printf("%3d",n);
        }
        fclose(fp);
    }
```

四、编程题

1. 从键盘输入一个字符串，将其中的大写字母全部转换成小写字母，然后输出到一个磁盘文件中保存，输入的字符串以“#”结束。

2. 读取磁盘上某一 C 语言源程序文件，要求加上注解后再存回磁盘中。

3. 用读文件字符串函数 fgets( )，读取某磁盘文件中的字符串，并在显示器上输出。

4. 有 5 个学生，每个学生有 3 门课的成绩，从键盘输入以上数据（包括学号、姓名、3 门课程的成绩），计算出平均成绩，将原有的数据和平均成绩存放在磁盘文件“stud.dat”中。

5. 编写一个文件备份程序。

附录A　ASCII 代码表

ASCII 值	控制字符	控制字符说明	ASCII 值	字符	ASCII 值	字符	ASCII 值	字符
0	NUL	空	32	(space)	64	@	96	'
1	SOH	标题开始	33	!	65	A	97	a
2	STX	正文开始	34	"	66	B	98	b
3	ETX	正文结束	35	#	67	C	99	c
4	EOT	传输结束	36	$	68	D	100	d
5	END	询问字符	37	%	69	E	101	e
6	ACK	承认	38	&	70	F	102	f
7	BEL	报警	39	'	71	G	103	g
8	BS	退一格	40	(	72	H	104	h
9	HT	横向列表	41	)	73	I	105	i
10	LF	换行	42	*	74	J	106	j
11	VT	垂直制表	43	+	75	K	107	k
12	FF	走纸	44	,	76	L	108	l
13	CR	回车	45	–	77	M	109	m
14	SO	移位输出	46	。	78	N	110	n
15	SI	移位输入	47	/	79	O	111	o
16	DLE	数据链换码	48	0	80	P	112	p
17	DC1	设备控制 1	49	1	81	Q	113	q
18	DC2	设备控制 2	50	2	82	R	114	r
19	DC3	设备控制 3	51	3	83	S	115	s
20	DC4	设备控制 4	52	4	84	T	116	t
21	NAK	否定	53	5	85	U	117	u
22	SYN	空转同步	54	6	86	V	118	v
23	ETB	信息组传送结束	55	7	87	W	119	w
24	CAN	作废	56	8	88	X	120	x
25	EM	缺纸	57	9	89	Y	121	y
26	SUB	换置	58	:	90	Z	122	z
27	ESC	换码	59	;	91	[	123	{
28	FS	文字分隔符	60	<	92	\	124	|
29	GS	组分隔符	61	=	93	]	125	}
30	RS	记录分隔符	62	>	94	^	126	～
31	US	单元分隔符	63	?	95	—	127	DEL

附录B　运算符及其优先级和结合性

<table>
<tr><th>优先级</th><th>运算符</th><th>含　　义</th><th>要求运算对象的个数</th><th>结合方式</th></tr>
<tr><td>1</td><td>()
[]
→
.</td><td>圆括号
下标运算符
指向结构型成员运算符
结构型成员运算符</td><td></td><td>自左至右</td></tr>
<tr><td>2</td><td>!
~
++
--
-
(类型)
*
&
sizeof</td><td>逻辑非运算符
按位取反运算符
自增运算符
自减运算符
负号运算符
类型转换运算符
指针运算符
取地址运算符
长度运算符</td><td>1
（单目运算符）</td><td>自右至左</td></tr>
<tr><td>3</td><td>*
/
%</td><td>乘法运算符
除法运算符
求余运算符</td><td>2
（双目运算符）</td><td>自左至右</td></tr>
<tr><td>4</td><td>+
-</td><td>加法运算符
减法运算符</td><td>2
（双目运算符）</td><td>自左至右</td></tr>
<tr><td>5</td><td><<
>></td><td>左移运算符
右移运算符</td><td>2
（双目运算符）</td><td>自左至右</td></tr>
<tr><td>6</td><td><，<=，>，>=</td><td>关系运算符</td><td>2
（双目运算符）</td><td>自左至右</td></tr>
<tr><td>7</td><td>==
!=</td><td>等于运算符
不等于运算符</td><td>2
（双目运算符）</td><td>自左至右</td></tr>
<tr><td>8</td><td>&</td><td>按位与运算符</td><td>2
（双目运算符）</td><td>自左至右</td></tr>
<tr><td>9</td><td>^</td><td>按位异或运算符</td><td>2
（双目运算符）</td><td>自左至右</td></tr>
<tr><td>10</td><td>|</td><td>按位或运算符</td><td>2
（双目运算符）</td><td>自左至右</td></tr>
<tr><td>11</td><td>&&</td><td>逻辑与运算符</td><td>2
（双目运算符）</td><td>自左至右</td></tr>
<tr><td>12</td><td>||</td><td>逻辑或运算符</td><td>2
（双目运算符）</td><td>自左至右</td></tr>
<tr><td>13</td><td>? :</td><td>条件运算符</td><td>3
（三目运算符）</td><td>自右至左</td></tr>
</table>

续表

优先级	运算符	含　　义	要求运算对象的个数	结合方式
14	=，+=，-=，*=，/=，%=，>>=，<<=，&=，^=，|=	赋值运算符	2 （双目运算符）	自右至左
15	，	逗号运算符		自左至右

说明：

（1）同一优先级的运算符，运算次序由结合方向决定。例如*与/具有相同的优先级别，其结合方向为自左至右，因此3*5/4的运算次序是先乘后除。–和++为同一优先级，结合方向为自右至左，因此–i++相当于–(i++)。

（2）不同的运算符要求有不同的运算对象个数，如+（加）和–（减）为双目运算符，要求在运算符两侧各有一个运算对象（如3+5、8–3等）。而++和–（负号）运算符是单目运算符，只能在运算符的一侧出现一个运算对象（如–a、i++、– –i、（float）i、sizeof（int）、*p等）。条件运算符是C语言中唯一的一个三目运算符，如x?a:b。

（3）从上表中可以大致归纳出各类运算符的优先级：

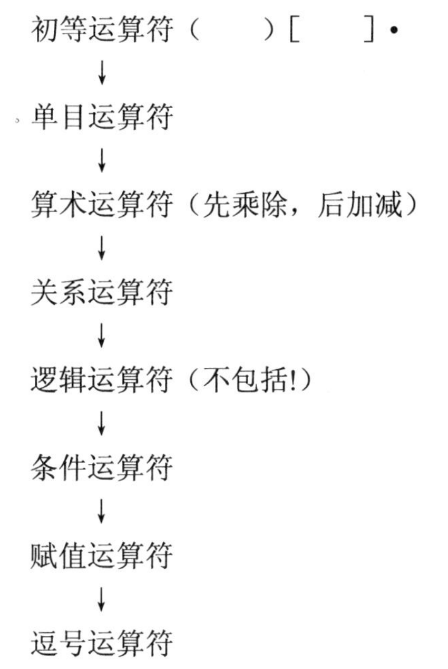

以上的优先级别由上到下递减。初等运算符优先级最高，逗号运算符优先级最低。位运算符的优先级比较分散，为了容易记忆，使用位运算符时可加圆括号。